## この本の特長と使い方

JN011295

### ✎ 問題回数ギガ増しドリル！

1年間で学習する内容が、この1冊でたっぷり学べます。

使うここでも〜

### ✎ もう1回チャレンジできる！

裏面には、表面と同じ問題を掲載。
解きなおしや復習がしっかりできます。

らくらくマルつけ

| 7 | 1けたの数でわるわり算② | 目ひょう時間 20分 | ✎学習した日　　月　　日 名前 | とく点 ／100点 | 1407 解説→171ページ |

❶ 38÷2の筆算は次の流れでします。次の☐にあてはまる数を書きましょう。
1つ6点【36点】

① 十の位から計算します。
3÷2の商☐を、3の上にたてます。

② わる数の☐と商をかけます。

③ 3から☐をひきます。

④ 一の位の☐をおろします。

⑤ 18÷2の商☐を、8の上にたてます。

⑥ わる数の2と商をかけます。

⑦ 18から☐をひきます。

⑧ おろすものが
なくなったら終わりです。

```
    1
 2)38
    2
   18
```

```
   19
 2)38
    2
   18
   18
    0
```

❷ 次の筆算をしましょう。　　　1つ8点【48点】

(1) 5)65　　(2) 2)64　　(3) 3)57

(4) 7)91　　(5) 2)74　　(6) 6)96

### 🔄 次の式の☐にあてはまる数を求めましょう。
スパイラルコーナー　　1つ4点【16点】

(1) 7−☐=3　　(2) 27−☐=23

(　　)　　　(　　)

(3) 36−☐=19　　(4) 62−☐=38

(　　)　　　(　　)

裏面

らくらくマルつけ

| 7 | 1けたの数でわるわり算② | 目ひょう時間 20分 | 学習した日　月　日 名前 | とく点 ／100点 | 1407 解説→171ページ |

---

計算ギガドリル　小学4年

## 答え

わからなかった問題は、🔊ポイントの解説をよく読んで、確認してください。

### 1 大きな数の計算①　　3ページ

❶ (1)4200　　(2)52120
(3)7265720　　(4)43200
(5)621300　　(6)38
(7)6300
❷ (1)6000万　　(2)6億
(3)60万
❸ (1)1200万　　(2)6720万
(3)6億3000万
(5)30万
🔄 (1)352　　(2)273

### 2 大きな数の計算②　　5ページ

❶ (1)5万　　(2)11億
(3)14兆　　(4)50万
(5)75億　　(6)4万
(7)30億　　(8)1兆
(9)20万　　(10)2億
❷ (1)487万　　(2)1029億
(3)579兆　　(4)182億
(5)217億　　(6)430兆
🔄 (1)874　　(2)2340

### 3 大きな数の計算③　　7ページ

❶ (上から順に)100、100、100、
10000、320000
❷ (1)1兆
❸ (1)36万　　(2)40万
(3)6億　　(4)27万
(5)16億　　(6)77兆
(7)120億　　(8)276兆
(9)155兆
🔄 (1)5　　(2)6
(3)2　　(4)11

169

### ✎ スパイラルコーナー！

前に学習した内容が登場。
くり返し学習で定着させます。

### ✎ マルつけは スマホでサクッと！

その場でサクッと、赤字解答入り誌面が見られます。
くわしくはp.2へ

### ✎「答え」のページは ていねいな解説つき！

解き方がわかる🔊ポイントがついています。

# 📱スマホでサクッと！ らくらくマルつけシステム

「答え」のページを見なくても！その場でスピーディーに！

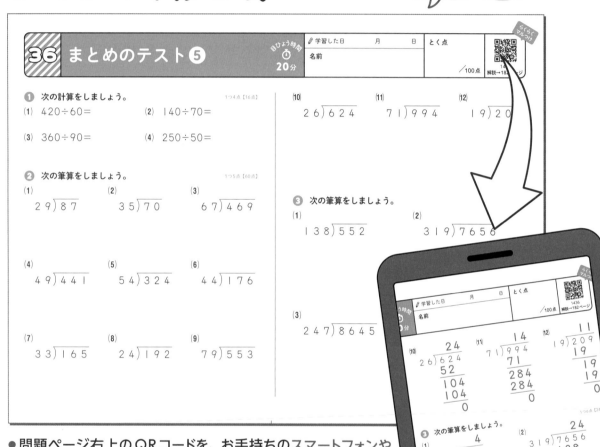

● 問題ページ右上のQRコードを、お手持ちのスマートフォンやタブレットで読みとってください。そのページの解答が印字された状態の誌面が画面上に表示されるので、「答え」のページを確認しなくても、その場ですばやくマルつけができます。

● くわしい解説が必要な場合は、「答え」のページの◁)ポイントをご確認ください。

● 「らくらくマルつけシステム」は無料でご利用いただけますが、通信料金はお客様のご負担となります。● すべての機器での動作を保証するものではありません。● やむを得ずサービス内容に予告なく変更が生じる場合があります。● QRコードは㈱デンソーウェーブの登録商標です。

# 🎖 プラスαの学習効果で成績ぐんのび！

## パズル問題で考える力を育みます。

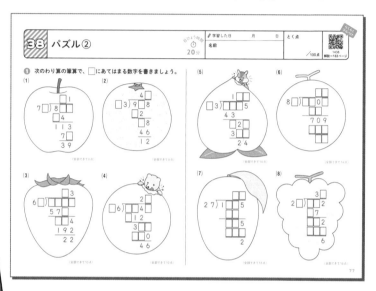

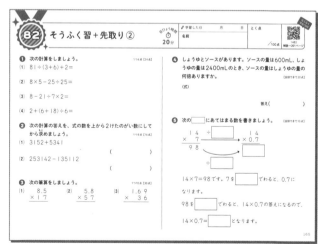

## 巻末のそうふく習+先取り問題で、今より一歩先までがんばれます。

# 大きな数の計算①

学習した日　　　月　　　日

名前

とく点

／100点

**① 次の計算をしましょう。** 1つ5点【35点】

(1) $420 \times 10 =$

(2) $5212 \times 10 =$

(3) $726572 \times 10 =$

(4) $432 \times 100 =$

(5) $6213 \times 100 =$

(6) $380 \div 10 =$

(7) $63000 \div 10 =$

**② 次の数を書きましょう。** 1つ5点【15点】

(1) 600万を10倍にした数

（　　　　　　　　）

(2) 600万を100倍にした数

（　　　　　　　　）

(3) 600万を $\frac{1}{10}$ にした数

（　　　　　　　　）

**③ 次の計算をしましょう。** 1つ7点【42点】

(1) $20万 \times 10 =$

(2) $672万 \times 10 =$

(3) $6300万 \times 10 =$

(4) $500億 \times 100 =$

(5) $300万 \div 10 =$

(6) $32億 \div 10 =$

**次の筆算をしましょう。** 1つ4点【8点】

スパイラル コーナー

(1)
$$\begin{array}{r} 32 \\ \times\ 11 \\ \hline \end{array}$$

(2)
$$\begin{array}{r} 21 \\ \times\ 13 \\ \hline \end{array}$$

# 大きな数の計算①

目ひょう時間 ⏱ 20分

学習した日　　　　月　　　　日

名前

とく点

／100点

1401
解説→169ページ

❶ 次の計算をしましょう。

1つ5点【35点】

(1) 420×10＝

(2) 5212×10＝

(3) 726572×10＝

(4) 432×100＝

(5) 6213×100＝

(6) 380÷10＝

(7) 63000÷10＝

❷ 次の数を書きましょう。

1つ5点【15点】

(1) 600万を10倍にした数

（　　　　　　　）

(2) 600万を100倍にした数

（　　　　　　　）

(3) 600万を $\frac{1}{10}$ にした数

（　　　　　　　）

❸ 次の計算をしましょう。

1つ7点【42点】

(1) 20万×10＝

(2) 672万×10＝

(3) 6300万×10＝

(4) 500億×100＝

(5) 300万÷10＝

(6) 32億÷10＝

🔄 次の筆算をしましょう。

1つ4点【8点】

スパイラル
コーナー

(1)
```
   3 2
 × 1 1
```

(2)
```
   2 1
 × 1 3
```

**2 大きな数の計算②**

目ひょう時間
⏱
20分

✎学習した日　　　月　　　日
名前

とく点
／100点

1402
解説→169ページ

**① 次の計算をしましょう。**　1つ5点【50点】

(1) 2万＋3万＝

(2) 7億＋4億＝

(3) 9兆＋5兆＝

(4) 38万＋12万＝

(5) 54億＋21億＝

(6) 5万－1万＝

(7) 50億－20億＝

(8) 7兆－6兆＝

(9) 23万－3万＝

(10) 45億－33億＝

**② 次の計算をしましょう。**　1つ7点【42点】

(1) 119万＋368万＝

(2) 897億＋132億＝

(3) 326兆＋253兆＝

(4) 303億－121億＝

(5) 475億－258億＝

(6) 512兆－82兆＝

 **次の筆算をしましょう。**　1つ4点【8点】

スパイラル
コーナー

(1)
```
   3 8
 × 2 3
 ─────
```

(2)
```
   4 5
 × 5 2
 ─────
```

# 2 大きな数の計算②

目ひょう時間
🕐
**20**分

| ✐ 学習した日 | 月 | 日 | とく点 |
|---|---|---|---|
| 名前 | | | ／100点 |

らくらくマルつけ
1402
解説→169ページ

❶ 次の計算をしましょう。　　　　　　1つ5点【50点】

(1) 2万＋3万＝

(2) 7億＋4億＝

(3) 9兆＋5兆＝

(4) 38万＋12万＝

(5) 54億＋21億＝

(6) 5万－1万＝

(7) 50億－20億＝

(8) 7兆－6兆＝

(9) 23万－3万＝

(10) 45億－33億＝

❷ 次の計算をしましょう。　　　　　　1つ7点【42点】

(1) 119万＋368万＝

(2) 897億＋132億＝

(3) 326兆＋253兆＝

(4) 303億－121億＝

(5) 475億－258億＝

(6) 512兆－82兆＝

 次の筆算をしましょう。　　　　1つ4点【8点】

スパイラルコーナー

(1) 　　3 8
　　×2 3
　――――――

(2) 　　4 5
　　×5 2
　――――――

# ③ 大きな数の計算③

目ひょう時間
⏱
20分

 学習した日　　　月　　　日

名前

とく点

／100点

1403
解説→169ページ

**①** 400×800の計算のしかたを、次のように考えました。
　□にあてはまる数を書きましょう。　　1つ3点【18点】

400＝4×□ 、800＝8×□ なので、

400×800＝4×□×8×□

＝32×□＝□ となります。

**②** 1万倍すると、位が4つ上がることを使って、次の計算をしましょう。　　1つ3点【6点】

(1) 1万×1万＝

(2) 1億×1万＝

**③** 次の計算をしましょう。　　1つ6点【60点】

(1) 12万×3＝

(2) 4×8万＝

(3) 2万×3万＝

(4) 5万×8万＝

(5) 4万×4万＝

(6) 9億×3万＝

(7) 15万×8万＝

(8) 11億×7万＝

(9) 31万×5億＝

(10) 23億×12万＝

**🔄 次の式の□にあてはまる数を求めましょう。** 　　1つ4点【16点】

スパイラルコーナー (1) □＋3＝8　　　　(2) □＋12＝18

（　　　　　） 　　　　　（　　　　　）

(3) 7＋□＝9　　　　(4) 16＋□＝27

（　　　　　） 　　　　　（　　　　　）

**3** 大きな数の計算③

学習した日　　　月　　　日

名前

とく点

／100点

解説→169ページ

❶ 400×800の計算のしかたを、次のように考えました。□ にあてはまる数を書きましょう。　　　　1つ3点【18点】

400=4×□、800=8×□ なので、

400×800=4×□×8×□

=32×□=□ となります。

❷ 1万倍すると、位が4つ上がることを使って、次の計算をしましょう。　　　　1つ3点【6点】

(1) 1万×1万＝

(2) 1億×1万＝

❸ 次の計算をしましょう。　　　　1つ6点【60点】

(1) 12万×3＝

(2) 4×8万＝

(3) 2万×3万＝

(4) 5万×8万＝

(5) 4万×4万＝

(6) 9億×3万＝

(7) 15万×8万＝

(8) 11億×7万＝

(9) 31万×5億＝

(10) 23億×12万＝

🔄 次の式の□にあてはまる数を求めましょう。　　　　1つ4点【16点】

スパイラルコーナー

(1) □+3=8

( 　　　 )

(2) □+12=18

( 　　　 )

(3) 7+□=9

( 　　　 )

(4) 16+□=27

( 　　　 )

目ひょう時間  20分

学習した日　　　月　　　日

名前

とく点

／100点

1404
解説→170ページ

① 次の筆算をしましょう。　　　　1つ6点【54点】

(1)
　　2 4 7
×　1 2 7

(2)
　　3 4 1
×　1 1 1

(3)
　　6 2 3
×　5 4 4

(4)
　　　5 8
×　7 6 3

(5)
　　3 0 2
×　5 4 1

(6)
　　9 1 0
×　2 1 7

(7)
　　7 1 4
×　5 3 3

(8)
　　9 5 8
×　5 8 1

(9)
　　4 3 4
×　8 6 6

② 次の筆算をしましょう。　　　　1つ8点【24点】

(1)
　　9 7 6
×　2 0 8

(2)
　　4 5 2
×　3 0 9

(3)
　　6 1 2
×　4 7 0

③ 次の計算を筆算でしましょう。　　　　【10点】

4500×30

 次の式の□にあてはまる数を求めましょう。　　　　1つ3点【12点】

(1) □+9=16

(2) □+12=18

（　　　　）　　　　（　　　　）

(3) 6+□=21

(4) 39+□=51

（　　　　）　　　　（　　　　）

# 4 大きな数の計算④

目ひょう時間
🕐
**20**分

学習した日　　　月　　　日

名前

とく点

／100点

1404
解説→170ページ

---

**❶** 次の筆算をしましょう。

1つ6点【54点】

(1)
```
  2 4 7
× 1 2 7
```

(2)
```
  3 4 1
× 1 1 1
```

(3)
```
  6 2 3
× 5 4 4
```

(4)
```
    5 8
× 7 6 3
```

(5)
```
  3 0 2
× 5 4 1
```

(6)
```
  9 1 0
× 2 1 7
```

(7)
```
  7 1 4
× 5 3 3
```

(8)
```
  9 5 8
× 5 8 1
```

(9)
```
  4 3 4
× 8 6 6
```

---

**❷** 次の筆算をしましょう。

1つ8点【24点】

(1)
```
  9 7 6
× 2 0 8
```

(2)
```
  4 5 2
× 3 0 9
```

(3)
```
  6 1 2
× 4 7 0
```

---

**❸** 次の計算を筆算でしましょう。

【10点】

4500×30

---

 次の式の□にあてはまる数を求めましょう。

1つ3点【12点】

スパイラルコーナー

(1) □＋9＝16

（　　　　）

(2) □＋12＝18

（　　　　）

(3) 6＋□＝21

（　　　　）

(4) 39＋□＝51

（　　　　）

---

目ひょう時間 20分

学習した日　　　月　　　日

名前

とく点 ／100点

1405
解説→170ページ

---

**①** 次の計算をしましょう。

1つ6点【30点】

(1) 47万×10＝

(2) 360兆÷10＝

(3) 5000万×10＝

(4) 30兆÷100＝

(5) 4万×9万＝

**②** 16×24＝384を使って、次の計算をしましょう。

1つ3点【12点】

(1) 1600×2400＝

(2) 16万×24万＝

(3) 16億×24万＝

(4) 16万×24億＝

---

**③** 次の筆算をしましょう。

1つ8点【48点】

(1)
```
   5 1 7
× 3 1 2
```

(2)
```
   9 6 4
× 1 0 5
```

(3)
```
   1 7 3
× 4 8 9
```

(4)
```
   9 2 2
× 2 8 1
```

(5)
```
   3 3 6
× 4 0 7
```

(6)
```
   1 3 5
× 4 8 9
```

**④** 次の計算を筆算でしましょう。

【10点】

2600×50

# 5 まとめのテスト①

目ひょう時間 ⏱ **20分**

学習した日　　月　　日

名前

とく点 ／100点

1405
解説→170ページ

---

❶ 次の計算をしましょう。

1つ6点【30点】

(1) 47万×10＝

(2) 360兆÷10＝

(3) 5000万×10＝

(4) 30兆÷100＝

(5) 4万×9万＝

❷ 16×24＝384を使って、次の計算をしましょう。

1つ3点【12点】

(1) 1600×2400＝

(2) 16万×24万＝

(3) 16億×24万＝

(4) 16万×24億＝

---

❸ 次の筆算をしましょう。

1つ8点【48点】

(1)
```
    5 1 7
  × 3 1 2
```

(2)
```
    9 6 4
  × 1 0 5
```

(3)
```
    1 7 3
  × 4 8 9
```

(4)
```
    9 2 2
  × 2 8 1
```

(5)
```
    3 3 6
  × 4 0 7
```

(6)
```
    1 3 5
  × 4 8 9
```

❹ 次の計算を筆算でしましょう。

【10点】

2600×50

**⑥ 1けたの数でわるわり算①**

目ひょう時間

**20分**

学習した日　　　月　　　日

名前

とく点

／100点

1406
解説→171ページ

**❶ 次のわり算をしましょう。**　1つ3点【30点】

(1) $60÷2=$　　　(2) $50÷5=$

(3) $90÷3=$　　　(4) $80÷4=$

(5) $40÷2=$　　　(6) $70÷7=$

(7) $30÷3=$　　　(8) $80÷2=$

(9) $40÷4=$　　　(10) $60÷3=$

**❷ 次のわり算をしましょう。**　1つ4点【32点】

(1) $400÷2=$　　　(2) $300÷3=$

(3) $800÷2=$　　　(4) $600÷3=$

(5) $500÷5=$　　　(6) $800÷4=$

(7) $200÷2=$　　　(8) $900÷3=$

**❸ 次のわり算をしましょう。**　1つ3点【30点】

(1) $160÷4=$　　　(2) $270÷3=$

(3) $350÷7=$　　　(4) $480÷8=$

(5) $180÷9=$　　　(6) $240÷4=$

(7) $100÷2=$　　　(8) $300÷6=$

(9) $400÷5=$　　　(10) $200÷4=$

**⟳ 次の式の□にあてはまる数を求めましょう。**　1つ2点【8点】

スパイラル
コーナー　(1) $6-□=2$　　　(2) $55-□=38$

（　　　　）　　　　　（　　　　）

(3) $39-□=17$　　　(4) $□-28=32$

（　　　　）　　　　　（　　　　）

# ⑥ 1けたの数でわるわり算①

目ひょう時間 ⏱ 20分

学習した日　　　月　　　日

名前

とく点 ／100点

1406
解説→171ページ

---

**❶ 次のわり算をしましょう。**　　1つ3点【30点】

(1) $60 \div 2 =$ 　　(2) $50 \div 5 =$

(3) $90 \div 3 =$ 　　(4) $80 \div 4 =$

(5) $40 \div 2 =$ 　　(6) $70 \div 7 =$

(7) $30 \div 3 =$ 　　(8) $80 \div 2 =$

(9) $40 \div 4 =$ 　　(10) $60 \div 3 =$

**❷ 次のわり算をしましょう。**　　1つ4点【32点】

(1) $400 \div 2 =$ 　　(2) $300 \div 3 =$

(3) $800 \div 2 =$ 　　(4) $600 \div 3 =$

(5) $500 \div 5 =$ 　　(6) $800 \div 4 =$

(7) $200 \div 2 =$ 　　(8) $900 \div 3 =$

**❸ 次のわり算をしましょう。**　　1つ3点【30点】

(1) $160 \div 4 =$ 　　(2) $270 \div 3 =$

(3) $350 \div 7 =$ 　　(4) $480 \div 8 =$

(5) $180 \div 9 =$ 　　(6) $240 \div 4 =$

(7) $100 \div 2 =$ 　　(8) $300 \div 6 =$

(9) $400 \div 5 =$ 　　(10) $200 \div 4 =$

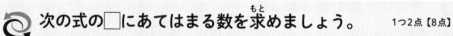

🔄 **次の式の□にあてはまる数を求めましょう。**　　1つ2点【8点】

スパイラル
コーナー

(1) $6 - \square = 2$ 　　(2) $55 - \square = 38$

（　　　）　　　　　（　　　）

(3) $39 - \square = 17$ 　　(4) $\square - 28 = 32$

（　　　）　　　　　（　　　）

# 7 1けたの数でわるわり算②

目ひょう時間  ⏱ **20分**

📝学習した日　　　月　　　日　　とく点

名前

／100点

1407
解説→171ページ

❶ 38÷2の筆算は次の流れでします。次の □ にあてはまる数を書きましょう。

1つ6点【36点】

① 十の位から計算します。

3÷2の商 □ を、3の上にたてます。

```
    1
2)3 8
  2
  1 8
```

② わる数の □ と商をかけます。

③ 3から □ をひきます。

④ 一の位の □ をおろします。

⑤ 18÷2の商 □ を、8の上にたてます。

```
   1 9
2)3 8
  2
  1 8
  1 8
     0
```

⑥ わる数の2と商をかけます。

⑦ 18から □ をひきます。

⑧ おろすものがなくなったら終わりです。

❷ 次の筆算をしましょう。

1つ8点【48点】

(1) 5)65　　(2) 2)64　　(3) 3)57

(4) 7)91　　(5) 2)74　　(6) 6)96

🔄 次の式の□にあてはまる数を求めましょう。

1つ4点【16点】

スパイラルコーナー
(1) 7−□＝3　　(2) 27−□＝23

（　　）　　　　（　　）

(3) 36−□＝19　　(4) 62−□＝38

（　　）　　　　（　　）

15

# 7 1けたの数でわるわり算②

目ひょう時間 20分

✎ 学習した日　　　月　　　日　　名前

とく点　／100点

1407
解説→171ページ

らくらくマルつけ

❶ 38÷2の筆算は次の流れでします。次の☐にあてはまる数を書きましょう。

1つ6点【36点】

① 十の位から計算します。

　3÷2の商 ☐ を、3の上にたてます。

② わる数の ☐ と商をかけます。

③ 3から ☐ をひきます。

④ 一の位の ☐ をおろします。

```
    1
 2)38
    2
    18
```

⑤ 18÷2の商 ☐ を、8の上にたてます。

⑥ わる数の2と商をかけます。

⑦ 18から ☐ をひきます。

⑧ おろすものがなくなったら終わりです。

```
    19
 2)38
    2
    18
    18
     0
```

❷ 次の筆算をしましょう。

1つ8点【48点】

(1)
```
 5)65
```

(2)
```
 2)64
```

(3)
```
 3)57
```

(4)
```
 7)91
```

(5)
```
 2)74
```

(6)
```
 6)96
```

🔄 次の式の☐にあてはまる数を求めましょう。

1つ4点【16点】

スパイラルコーナー

(1)　7－☐＝3

(2)　27－☐＝23

（　　　）　　（　　　）

(3)　36－☐＝19

(4)　62－☐＝38

（　　　）　　（　　　）

**8** 1けたの数でわるわり算③

目ひょう時間 20分

学習した日　月　日

名前

とく点　/100点

1408
解説→172ページ

① 次の筆算をしましょう。

1つ6点【54点】

(1)

$2\overline{)32}$

(2)

$4\overline{)76}$

(3)

$5\overline{)80}$

(4)

$8\overline{)96}$

(5)

$3\overline{)84}$

(6)

$4\overline{)92}$

(7)

$2\overline{)70}$

(8)

$3\overline{)75}$

(9)

$2\overline{)98}$

② 次の計算を筆算でしましょう。また、□ にあてはまる数を書いてけん算の式をつくり、答えのたしかめをしましょう。

【34点】

(1) $70 \div 5$

（筆算）

（けん算）

（全部できて17点）

$5 \times \boxed{\phantom{00}} = \boxed{\phantom{00}}$

(2) $96 \div 4$

（筆算）

（けん算）

（全部できて17点）

$4 \times \boxed{\phantom{00}} = \boxed{\phantom{00}}$

↻ 次の式の□にあてはまる数を求めましょう。

1つ6点【12点】

スパイラル
コーナー

(1) $3 \times \square = 6$

(2) $\square \times 9 = 63$

（　　　）　　　　　（　　　）

**8 1けたの数でわるわり算③**

目ひょう時間 ⏱ 20分

学習した日　　　月　　　日
名前
とく点
／100点
1408
解説→172ページ

❶ 次の筆算をしましょう。

1つ6点【54点】

(1)　2 ) 3 2

(2)　4 ) 7 6

(3)　5 ) 8 0

(4)　8 ) 9 6

(5)　3 ) 8 4

(6)　4 ) 9 2

(7)　2 ) 7 0

(8)　3 ) 7 5

(9)　2 ) 9 8

❷ 次の計算を筆算でしましょう。また、□にあてはまる数を書いてけん算の式をつくり、答えのたしかめをしましょう。

【34点】

(1)　70÷5

（筆算）

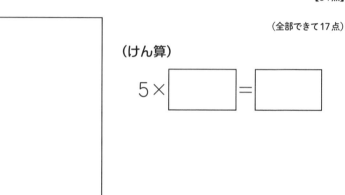

（けん算）（全部できて17点）

5×□=□

(2)　96÷4

（筆算）

（けん算）（全部できて17点）

4×□=□

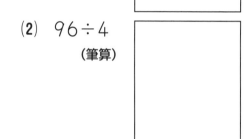

次の式の□にあてはまる数を求めましょう。

1つ6点【12点】

スパイラルコーナー

(1)　3×□=6

(2)　□×9=63

（　　　）　　　（　　　）

目ひょう時間 🕐 20分

❶ 次の筆算をしましょう。

1つ4点【80点】

(1)
$5\overline{)55}$

(2)
$2\overline{)24}$

(3)
$3\overline{)39}$

(4)
$3\overline{)66}$

(5)
$4\overline{)84}$

(6)
$2\overline{)68}$

(7)
$3\overline{)87}$

(8)
$7\overline{)98}$

(9)
$6\overline{)84}$

(10)
$6\overline{)72}$

(11)
$4\overline{)76}$

(12)
$8\overline{)96}$

(13)
$3\overline{)81}$

(14)
$9\overline{)90}$

(15)
$5\overline{)75}$

(16)
$4\overline{)48}$

(17)
$3\overline{)45}$

(18)
$7\overline{)84}$

(19)
$6\overline{)96}$

(20)
$2\overline{)38}$

🔄 次の式の□にあてはまる数を求めましょう。

1つ5点【20点】

スパイラル
コーナー

(1) $\square \times 3 = 15$

(　　　　)

(2) $7 \times \square = 28$

(　　　　)

(3) $\square \times 9 = 72$

(　　　　)

(4) $\square \times 8 = 56$

(　　　　)

**9 1けたの数でわるわり算④**

目ひょう時間 ⏱ **20分**

学習した日　　　月　　　日

名前

とく点　　／100点

1409
解説→172ページ

**❶ 次の筆算をしましょう。**　　　　　　　1つ4点【80点】

(1)
$5\overline{)55}$

(2)
$2\overline{)24}$

(3)
$3\overline{)39}$

(4)
$3\overline{)66}$

(5)
$4\overline{)84}$

(6)
$2\overline{)68}$

(7)
$3\overline{)87}$

(8)
$7\overline{)98}$

(9)
$6\overline{)84}$

(10)
$6\overline{)72}$

(11)
$4\overline{)76}$

(12)
$8\overline{)96}$

(13)
$3\overline{)81}$

(14)
$9\overline{)90}$

(15)
$5\overline{)75}$

(16)
$4\overline{)48}$

(17)
$3\overline{)45}$

(18)
$7\overline{)84}$

(19)
$6\overline{)96}$

(20)
$2\overline{)38}$

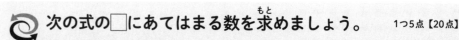

**次の式の□にあてはまる数を求めましょう。**　　1つ5点【20点】

スパイラルコーナー

(1)　$□×3=15$

(2)　$7×□=28$

（　　　　）　　　　　　　　（　　　　）

(3)　$□×9=72$

(4)　$□×8=56$

（　　　　）　　　　　　　　（　　　　）

学習した日　　　月　　　日　　とく点

名前

／100点

1410
解説→172ページ

**1** 次の筆算をしましょう。

1つ4点【80点】

(1)
2)47

(2)
5)73

(3)
2)75

(4)
4)77

(5)
8)91

(6)
3)44

(7)
7)94

(8)
5)64

(9)
2)53

(10)
6)94

(11)
3)53

(12)
2)93

(13)
6)82

(14)
4)69

(15)
7)81

(16)
5)81

(17)
8)94

(18)
3)62

(19)
4)49

(20)
2)79

 次の式の□にあてはまる数を求めましょう。

1つ5点【20点】

スパイラルコーナー

(1) □÷7＝5

(2) □÷2＝8

(　　　　　)

(　　　　　)

(3) □÷6＝3

(4) □÷9＝4

(　　　　　)

(　　　　　)

# 10 1けたの数でわるわり算⑤

目ひょう時間 ⏱ 20分

学習した日　　　月　　　日

名前

とく点

／100点

1410
解説→172ページ

❶ 次の筆算をしましょう。

1つ4点【80点】

(1)
2 ) 4 7

(2)
5 ) 7 3

(3)
2 ) 7 5

(4)
4 ) 7 7

(5)
8 ) 9 1

(6)
3 ) 4 4

(7)
7 ) 9 4

(8)
5 ) 6 4

(9)
2 ) 5 3

(10)
6 ) 9 4

(11)
3 ) 5 3

(12)
2 ) 9 3

(13)
6 ) 8 2

(14)
4 ) 6 9

(15)
7 ) 8 1

(16)
5 ) 8 1

(17)
8 ) 9 4

(18)
3 ) 6 2

(19)
4 ) 4 9

(20)
2 ) 7 9

🔄 次の式の□にあてはまる数を求めましょう。

1つ5点【20点】

スパイラル
コーナー

(1) □÷7＝5

(2) □÷2＝8

(　　　　)

(　　　　)

(3) □÷6＝3

(4) □÷9＝4

(　　　　)

(　　　　)

目ひょう時間
⏱
20分

✏ 学習した日　　　　月　　　日

名前

とく点

／100点

1411
解説→173ページ

① 次の筆算をしましょう。　　　　　　　　　　　　　1つ4点【80点】

(1) 2 ) 43

(2) 6 ) 69

(3) 8 ) 98

(4) 3 ) 95

(5) 5 ) 58

(6) 7 ) 86

(7) 9 ) 97

(8) 7 ) 85

(9) 4 ) 67

(10) 2 ) 87

(11) 5 ) 61

(12) 8 ) 94

(13) 5 ) 52

(14) 6 ) 88

(15) 7 ) 99

(16) 4 ) 57

(17) 3 ) 71

(18) 8 ) 89

(19) 6 ) 64

(20) 9 ) 92

 次の式の□にあてはまる数を求めましょう。　　　1つ5点【20点】

スパイラル
コーナー

(1) $63 \div \square = 9$

（　　　　　）

(2) $8 \div \square = 4$

（　　　　　）

(3) $45 \div \square = 5$

（　　　　　）

(4) $24 \div \square = 8$

（　　　　　）

# 11 1けたの数でわるわり算⑥

目ひょう時間 **20分**

学習した日　月　日

名前

とく点 ／100点

1411
解説→173ページ

**❶** 次の筆算をしましょう。

1つ4点【80点】

(1)
$$2\overline{\smash{)}43}$$

(2)
$$6\overline{\smash{)}69}$$

(3)
$$8\overline{\smash{)}98}$$

(4)
$$3\overline{\smash{)}95}$$

(5)
$$5\overline{\smash{)}58}$$

(6)
$$7\overline{\smash{)}86}$$

(7)
$$9\overline{\smash{)}97}$$

(8)
$$7\overline{\smash{)}85}$$

(9)
$$4\overline{\smash{)}67}$$

(10)
$$2\overline{\smash{)}87}$$

(11)
$$5\overline{\smash{)}61}$$

(12)
$$8\overline{\smash{)}94}$$

(13)
$$5\overline{\smash{)}52}$$

(14)
$$6\overline{\smash{)}88}$$

(15)
$$7\overline{\smash{)}99}$$

(16)
$$4\overline{\smash{)}57}$$

(17)
$$3\overline{\smash{)}71}$$

(18)
$$8\overline{\smash{)}89}$$

(19)
$$6\overline{\smash{)}64}$$

(20)
$$9\overline{\smash{)}92}$$

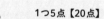 次の式の□にあてはまる数を求めましょう。

1つ5点【20点】

スパイラルコーナー

(1) $63 \div \square = 9$

(2) $8 \div \square = 4$

（　　　　）　　　　　　　（　　　　）

(3) $45 \div \square = 5$

(4) $24 \div \square = 8$

（　　　　）　　　　　　　（　　　　）

**12** **1けたの数でわるわり算⑦**

✎ 学習した日　　　月　　　日　　とく点

名前

／100点

1412
解説→173ページ

① 次の筆算をしましょう。　　　　　　　　1つ8点【48点】

(1)　2)462

(2)　3)552

(3)　6)678

(4)　8)992

(5)　5)585

(6)　7)791

② 次の筆算をしましょう。　　　　　　　　1つ7点【42点】

(1)　4)424

(2)　3)627

(3)　8)840

(4)　2)218

(5)　5)535

(6)　7)749

🔄 **次の数を書きましょう。**　　　　　　1つ5点【10点】

スパイラル
コーナー (1)　120万を10倍にした数

（　　　　　　　　）

(2)　120万を $\frac{1}{10}$ にした数

（　　　　　　　　）

# 12 1けたの数でわるわり算⑦

目ひょう時間

20分

学習した日　　月　　日　　とく点

名前

／100点

1412
解説→173ページ

❶ 次の筆算をしましょう。

1つ8点【48点】

(1)
2) 4 6 2

(2)
3) 5 5 2

(3)
6) 6 7 8

(4)
8) 9 9 2

(5)
5) 5 8 5

(6)
7) 7 9 1

❷ 次の筆算をしましょう。

1つ7点【42点】

(1)
4) 4 2 4

(2)
3) 6 2 7

(3)
8) 8 4 0

(4)
2) 2 1 8

(5)
5) 5 3 5

(6)
7) 7 4 9

次の数を書きましょう。

1つ5点【10点】

スパイラル
コーナー (1)　120万を10倍にした数

（　　　　　　　）

(2)　120万を$\frac{1}{10}$にした数

（　　　　　　　）

# 13 1けたの数でわるわり算⑧

目ひょう時間
⏱
20分

✎ 学習した日　　　月　　　日

名前

とく点

／100点

1413
解説→174ページ

❶ 次の筆算をしましょう。　　　　　　　　　　1つ8点【48点】

(1)
$3 \overline{)769}$

(2)
$2 \overline{)937}$

(3)
$4 \overline{)654}$

(4)
$7 \overline{)814}$

(5)
$5 \overline{)829}$

(6)
$6 \overline{)747}$

❷ 次の筆算をしましょう。　　　　　　　　　　1つ7点【42点】

(1)
$7 \overline{)753}$

(2)
$2 \overline{)811}$

(3)
$5 \overline{)521}$

(4)
$8 \overline{)857}$

(5)
$3 \overline{)629}$

(6)
$4 \overline{)482}$

🔄 次の計算をしましょう。　　　　　　　　　　1つ5点【10点】

スパイラル
コーナー
(1)　4億＋8億＝

(2)　15兆−9兆＝

# 13 1けたの数でわるわり算⑧

目ひょう時間
⏱ 20分

学習した日　　　月　　　日　　とく点

名前

／100点

1413
解説→174ページ

❶ 次の筆算をしましょう。　　　　　　1つ8点【48点】

(1)
$3 \overline{)769}$

(2)
$2 \overline{)937}$

(3)
$4 \overline{)654}$

(4)
$7 \overline{)814}$

(5)
$5 \overline{)829}$

(6)
$6 \overline{)747}$

❷ 次の筆算をしましょう。　　　　　　1つ7点【42点】

(1)
$7 \overline{)753}$

(2)
$2 \overline{)811}$

(3)
$5 \overline{)521}$

(4)
$8 \overline{)857}$

(5)
$3 \overline{)629}$

(6)
$4 \overline{)482}$

🔄 次の計算をしましょう。　　　　　　1つ5点【10点】

スパイラル
コーナー (1)　4億＋8億＝

(2)　15兆－9兆＝

**1** 次の⑦〜⑦の中で、十の位から商がたつのはどれですか。

【4点】

⑦ 712÷7　　　⑦ 267÷3　　　⑦ 891÷6

（　　　）

**2** 次の筆算をしましょう。

1つ6点【54点】

(1)　5)150

(2)　8)240

(3)　2)180

(4)　7)490

(5)　9)360

(6)　4)240

(7)　5)200

(8)　7)350

(9)　8)320

**3** 次の筆算をしましょう。

1つ6点【36点】

(1)　5)125

(2)　6)192

(3)　8)344

(4)　2)166

(5)　3)288

(6)　7)553

**↻** 次の計算をしましょう。

スパイラルコーナー

1つ3点【6点】

(1)　9億×6万＝

(2)　22万×5万＝

# 14 1けたの数でわるわり算⑨

目ひょう時間
20分

学習した日　　　月　　　日

名前

とく点

／100点

1414
解説→174ページ

---

❶ 次の⑦〜⑰の中で、十の位から商がたつのはどれですか。

【4点】

⑦ 712÷7　　　⑦ 267÷3　　　⑰ 891÷6

（　　　　）

❷ 次の筆算をしましょう。

1つ6点【54点】

(1)
5)150

(2)
8)240

(3)
2)180

(4)
7)490

(5)
9)360

(6)
4)240

(7)
5)200

(8)
7)350

(9)
8)320

❸ 次の筆算をしましょう。

1つ6点【36点】

(1)
5)125

(2)
6)192

(3)
8)344

(4)
2)166

(5)
3)288

(6)
7)553

---

🔄 次の計算をしましょう。

1つ3点【6点】

スパイラル
コーナー

(1) 9億×6万＝

(2) 22万×5万＝

目ひょう時間 ⏱ 20分

✏ 学習した日　　　月　　　日

名前

とく点　　　／100点

1415
解説→175ページ

① 次の筆算をしましょう。

1つ6点【54点】

(1)
8 ) 468

(2)
6 ) 257

(3)
4 ) 391

(4)
5 ) 338

(5)
2 ) 127

(6)
3 ) 125

(7)
7 ) 242

(8)
9 ) 647

(9)
6 ) 327

② 次の計算を筆算でしましょう。

1つ13点【26点】

(1) 526÷8

(2) 657÷7

次の筆算をしましょう。

1つ10点【20点】

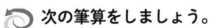

スパイラルコーナー
(1)　　149
　　 ×736

(2)　　275
　　 ×804

**15** **1けたの数でわるわり算⑩**

目ひょう時間 ⏱ **20分**

学習した日　　月　　日

名前

とく点 ／100点

1415
解説→175ページ

---

**❶ 次の筆算をしましょう。**　1つ6点【54点】

(1)
$$8\overline{)468}$$

(2)
$$6\overline{)257}$$

(3)
$$4\overline{)391}$$

(4)
$$5\overline{)338}$$

(5)
$$2\overline{)127}$$

(6)
$$3\overline{)125}$$

(7)
$$7\overline{)242}$$

(8)
$$9\overline{)647}$$

(9)
$$6\overline{)327}$$

---

**❷ 次の計算を筆算でしましょう。**　1つ13点【26点】

(1) $526 \div 8$

(2) $657 \div 7$

---

**↻ 次の筆算をしましょう。**　1つ10点【20点】

スパイラルコーナー
(1)
$$\begin{array}{r} 149 \\ \times\ 736 \\ \hline \end{array}$$

(2)
$$\begin{array}{r} 275 \\ \times\ 804 \\ \hline \end{array}$$

目ひょう時間  20分

学習した日　月　日　とく点

名前

/100点

1416
解説→175ページ

**❶ 次のわり算をしましょう。**

1つ3点【12点】

(1) 70÷7＝

(2) 300÷3＝

(3) 270÷9＝

(4) 320÷4＝

**❷ 次の筆算をしましょう。**

1つ6点【72点】

(1)

4 ) 4 8

(2)

3 ) 9 3

(3)

7 ) 8 5

(4)

5 ) 7 2

(5)

6 ) 5 0

(6)

2 ) 2 4 8

(7)

8 ) 9 1 2

(8)

3 ) 7 8 9

(9)

6 ) 4 4 7

(10)

4 ) 8 1 6

(11)

7 ) 4 4 8

(12)

9 ) 4 2 2

**❸ 72このリンゴを、6人で同じ数ずつ分けます。1人分は何こになりますか。**

【全部できて16点】

（式）

答え（　　　　　　　）

# 16 まとめのテスト❷

✎ 学習した日　　　月　　　日

名前

とく点 ／100点

1416
解説→175ページ

❶ 次のわり算をしましょう。　1つ3点【12点】

(1) $70 \div 7 =$　　　(2) $300 \div 3 =$

(3) $270 \div 9 =$　　　(4) $320 \div 4 =$

❷ 次の筆算をしましょう。　1つ6点【72点】

(1) 4)48

(2) 3)93

(3) 7)85

(4) 5)72

(5) 6)50

(6) 2)248

(7) 8)912

(8) 3)789

(9) 6)447

(10) 4)816

(11) 7)448

(12) 9)422

❸ 72このリンゴを、6人で同じ数ずつ分けます。1人分は何こになりますか。　【全部できて16点】

(式)

答え（　　　　　　）

# まとめのテスト ❸

学習した日　　月　　日　　とく点　　／100点

名前

1417
解説→175ページ

❶ 次の筆算をしましょう。　　1つ7点【42点】

(1)

$5\overline{)70}$

(2)

$7\overline{)99}$

(3)

$3\overline{)56}$

(4)

$2\overline{)92}$

(5)

$4\overline{)76}$

(6)

$5\overline{)96}$

❷ 次の筆算をしましょう。　　1つ7点【21点】

(1)

$6\overline{)420}$

(2)

$5\overline{)254}$

(3)

$3\overline{)181}$

❸ 次の筆算をしましょう。　　1つ7点【21点】

(1)

$3\overline{)918}$

(2)

$2\overline{)417}$

(3)

$5\overline{)544}$

❹ 次の計算を筆算でしましょう。　　1つ8点【16点】

(1) $585 \div 9$

(2) $747 \div 8$

# まとめのテスト❸

目ひょう時間 ⏱ **20分**

🖊 学習した日　　　月　　　日

名前

とく点 ／100点

1417
解説→175ページ

---

**❶ 次の筆算をしましょう。**　　　1つ7点【42点】

(1)
$$5\overline{)70}$$

(2)
$$7\overline{)99}$$

(3)
$$3\overline{)56}$$

(4)
$$2\overline{)92}$$

(5)
$$4\overline{)76}$$

(6)
$$5\overline{)96}$$

**❷ 次の筆算をしましょう。**　　　1つ7点【21点】

(1)
$$6\overline{)420}$$

(2)
$$5\overline{)254}$$

(3)
$$3\overline{)181}$$

---

**❸ 次の筆算をしましょう。**　　　1つ7点【21点】

(1)
$$3\overline{)918}$$

(2)
$$2\overline{)417}$$

(3)
$$5\overline{)544}$$

**❹ 次の計算を筆算でしましょう。**　　　1つ8点【16点】

(1) $585÷9$

(2) $747÷8$

# 18 小数の計算①

学習した日　　　月　　　日

名前

とく点　　／100点

❶ 次の筆算をしましょう。　　　　　1つ5点【60点】

(1)
```
  0.3
+ 0.6
```

(2)
```
  0.2 5
+ 0.7 1
```

(3)
```
  0.8 9
+ 0.6 3
```

(4)
```
  1.6 2
+ 3.7 1
```

(5)
```
  5.1 2
+ 4.7 7
```

(6)
```
  6.3 5
+ 4.1 9
```

(7)
```
  7.6 7
+ 5.1 8
```

(8)
```
  5.5 4
+ 1.2 4
```

(9)
```
  3.6 2
+ 2.1 8
```

(10)
```
  3.8 1
+ 3.6 8
```

(11)
```
  6.8 7
+ 8.4 3
```

(12)
```
  4.8 1
+ 2.2 3
```

❷ 次の計算を筆算でしましょう。　　　　　1つ7点【28点】

(1) $1.6 + 2.5$

(2) $2.12 + 3.46$

(3) $5.29 + 4.48$

(4) $3.37 + 0.13$

 次の計算をしましょう。　　　　　1つ2点【12点】

スパイラルコーナー

(1) $20 \div 2 =$

(2) $80 \div 4 =$

(3) $600 \div 2 =$

(4) $900 \div 3 =$

(5) $720 \div 9 =$

(6) $240 \div 6 =$

18 小数の計算①

 目ひょう時間 ⏱ 20分

学習した日　　月　　日

名前

とく点　／100点

1418　解説→176ページ

❶ 次の筆算をしましょう。　　　　　　　　　　　1つ5点【60点】

(1)　　0.3
　　+ 0.6

(2)　　0.25
　　+ 0.71

(3)　　0.89
　　+ 0.63

(4)　　1.62
　　+ 3.71

(5)　　5.12
　　+ 4.77

(6)　　6.35
　　+ 4.19

(7)　　7.67
　　+ 5.18

(8)　　5.54
　　+ 1.24

(9)　　3.62
　　+ 2.18

(10)　　3.81
　　+ 3.68

(11)　　6.87
　　+ 8.43

(12)　　4.81
　　+ 2.23

❷ 次の計算を筆算でしましょう。　　　　　　　　1つ7点【28点】

(1)　1.6＋2.5

(2)　2.12＋3.46

(3)　5.29＋4.48

(4)　3.37＋0.13

 次の計算をしましょう。　　　　1つ2点【12点】

スパイラルコーナー

(1)　20÷2＝

(2)　80÷4＝

(3)　600÷2＝

(4)　900÷3＝

(5)　720÷9＝

(6)　240÷6＝

目ひょう時間
20分

学習した日　　月　　日

名前

とく点

／100点

1419
解説→176ページ

❶ 次の筆算をしましょう。

1つ5点【60点】

(1)
```
  0.6 8
- 0.2 5
```

(2)
```
  3.8 9
- 2.7 1
```

(3)
```
  4.2 5
- 4.1 2
```

(4)
```
  0.7 2
- 0.2 1
```

(5)
```
  5.1 2
- 5.0 1
```

(6)
```
  0.4 9
- 0.2 7
```

(7)
```
  4.2 9
- 2.6 8
```

(8)
```
  7.3 3
- 3.2 4
```

(9)
```
  5.3 8
- 2.6 9
```

(10)
```
  6.7 1
- 3.6 5
```

(11)
```
  5.2 2
- 2.9 4
```

(12)
```
  0.9 4
- 0.9 1
```

❷ 次の計算を筆算でしましょう。

1つ7点【28点】

(1) $0.8 - 0.3$

(2) $7.84 - 6.51$

(3) $4.76 - 1.88$

(4) $2.91 - 1.83$

↻ 次の筆算をしましょう。

1つ4点【12点】

スパイラル
コーナー

(1)
```
3)8 4
```

(2)
```
4)5 6
```

(3)
```
5)9 0
```

# 19 小数の計算②

目ひょう時間 ⏱ **20**分

✎ 学習した日　　　月　　　日

名前

とく点 ／100点

らくらくマルつけ

1419
解説→176ページ

---

**❶ 次の筆算をしましょう。**　　1つ5点【60点】

(1)
```
  0.6 8
- 0.2 5
```

(2)
```
  3.8 9
- 2.7 1
```

(3)
```
  4.2 5
- 4.1 2
```

(4)
```
  0.7 2
- 0.2 1
```

(5)
```
  5.1 2
- 5.0 1
```

(6)
```
  0.4 9
- 0.2 7
```

(7)
```
  4.2 9
- 2.6 8
```

(8)
```
  7.3 3
- 3.2 4
```

(9)
```
  5.3 8
- 2.6 9
```

(10)
```
  6.7 1
- 3.6 5
```

(11)
```
  5.2 2
- 2.9 4
```

(12)
```
  0.9 4
- 0.9 1
```

---

**❷ 次の計算を筆算でしましょう。**　　1つ7点【28点】

(1) $0.8 - 0.3$

(2) $7.84 - 6.51$

(3) $4.76 - 1.88$

(4) $2.91 - 1.83$

---

**次の筆算をしましょう。**　　1つ4点【12点】

スパイラルコーナー

(1)
```
3)8 4
```

(2)
```
4)5 6
```

(3)
```
5)9 0
```

目ひょう時間 ⏱ **20**分

✏ 学習した日　　　月　　　日

名前

とく点 ／100点

1420
解説→176ページ

❶ 次の筆算をしましょう。　　　1つ5点【60点】

(1)
```
  0.2 6
+ 0.7 2
```

(2)
```
  0.5 8 4
+ 0.1 9 4
```

(3)
```
  0.2 9 2
+ 0.8 3 9
```

(4)
```
  0.7 5 2
+ 0.1 9 4
```

(5)
```
  0.2 8 7
+ 0.8 2 3
```

(6)
```
  0.6 8 3
+ 0.7 8 1
```

(7)
```
  4.1 7 9
+ 3.7 3 4
```

(8)
```
  3.7 5 2
+ 2.8 6 7
```

(9)
```
  5.1 6 2
+ 2.3 8 3
```

(10)
```
  7.7 3 3
+ 4.9 7 7
```

(11)
```
  8.1 4 9
+ 5.7 2 1
```

(12)
```
  5.9 2 8
+ 9.5 1 3
```

❷ 次の計算を筆算でしましょう。　　　1つ7点【28点】

(1) 0.976+0.713

(2) 3.281+5.612

(3) 0.785+1.291

(4) 7.712+2.158

🔄 次の筆算をしましょう。　　　1つ4点【12点】

スパイラルコーナー

(1)
```
4)58
```

(2)
```
3)49
```

(3)
```
2)73
```

# 20 小数の計算③

| 学習した日 | 月 | 日 | とく点 |
|---|---|---|---|
| 名前 | | | /100点 |

1420
解説→176ページ

❶ 次の筆算をしましょう。　　1つ5点【60点】

(1)
```
  0.2 6
+ 0.7 2
```

(2)
```
  0.5 8 4
+ 0.1 9 4
```

(3)
```
  0.2 9 2
+ 0.8 3 9
```

(4)
```
  0.7 5 2
+ 0.1 9 4
```

(5)
```
  0.2 8 7
+ 0.8 2 3
```

(6)
```
  0.6 8 3
+ 0.7 8 1
```

(7)
```
  4.1 7 9
+ 3.7 3 4
```

(8)
```
  3.7 5 2
+ 2.8 6 7
```

(9)
```
  5.1 6 2
+ 2.3 8 3
```

(10)
```
  7.7 3 3
+ 4.9 7 7
```

(11)
```
  8.1 4 9
+ 5.7 2 1
```

(12)
```
  5.9 2 8
+ 9.5 1 3
```

❷ 次の計算を筆算でしましょう。　　1つ7点【28点】

(1) 0.976＋0.713

(2) 3.281＋5.612

(3) 0.785＋1.291

(4) 7.712＋2.158

↻ 次の筆算をしましょう。　　1つ4点【12点】

スパイラルコーナー

(1)
```
4)5 8
```

(2)
```
3)4 9
```

(3)
```
2)7 3
```

目ひょう時間  **20**分

✏ 学習した日　　　月　　　日

名前

とく点　　／100点

1421
解説→177ページ

❶ 次の筆算をしましょう。　　　　1つ5点【60点】

(1)
```
  0.7 9 3
- 0.3 8 1
```

(2)
```
  5.7 2 6
- 3.6 2 5
```

(3)
```
  0.8 6 9
- 0.5 7 1
```

(4)
```
  2.6 8 3
- 1.3 1 2
```

(5)
```
  5.4 9 2
- 3.7 5 4
```

(6)
```
  6.4 3 1
- 5.8 1 7
```

(7)
```
  4.4 0 1
- 4.0 5 4
```

(8)
```
  1.3 3 2
- 1.0 0 4
```

(9)
```
  6.9 1 5
- 4.6 2 7
```

(10)
```
  6.0 1 1
- 3.4 2 4
```

(11)
```
  9.2 9 6
- 5.2 6 4
```

(12)
```
  6.4 7 2
- 5.4 7 3
```

❷ 次の計算を筆算でしましょう。　　　1つ7点【28点】

(1) 8.326−0.931

(2) 4.461−4.427

(3) 6.978−4.311

(4) 0.176−0.048

🔄 次の筆算をしましょう。　　　1つ4点【12点】

スパイラルコーナー

(1)
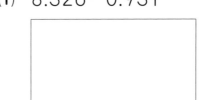
```
  7)7 1 4
```

(2)
```
  3)8 4 9
```

(3)

```
  5)9 2 0
```

43

# 21 小数の計算④

目ひょう時間 ⏱ 20分

らくらく マルつけ

学習した日 　　月　　日

名前

とく点 ／100点

1421
解説→177ページ

---

**❶ 次の筆算をしましょう。** 1つ5点【60点】

(1)
```
  0.7 9 3
- 0.3 8 1
```

(2)
```
  5.7 2 6
- 3.6 2 5
```

(3)
```
  0.8 6 9
- 0.5 7 1
```

(4)
```
  2.6 8 3
- 1.3 1 2
```

(5)
```
  5.4 9 2
- 3.7 5 4
```

(6)
```
  6.4 3 1
- 5.8 1 7
```

(7)
```
  4.4 0 1
- 4.0 5 4
```

(8)
```
  1.3 3 2
- 1.0 0 4
```

(9)
```
  6.9 1 5
- 4.6 2 7
```

(10)
```
  6.0 1 1
- 3.4 2 4
```

(11)
```
  9.2 9 6
- 5.2 6 4
```

(12)
```
  6.4 7 2
- 5.4 7 3
```

---

**❷ 次の計算を筆算でしましょう。** 1つ7点【28点】

(1) $8.326 - 0.931$

(2) $4.461 - 4.427$

(3) $6.978 - 4.311$

(4) $0.176 - 0.048$

---

**次の筆算をしましょう。** 1つ4点【12点】

スパイラル
コーナー

(1)
```
7)7 1 4
```

(2)
```
3)8 4 9
```

(3)
```
5)9 2 0
```

目ひょう時間 ⏱ **20**分

学習した日　　月　　日

名前

とく点　／100点

1422
解説→177ページ

**❶** 次の筆算をしましょう。

1つ5点【60点】

(1)　　0.6 3
　　＋0.1

(2)　　0.4 8
　　＋0.2

(3)　　0.7 3 6
　　＋0.1 6 1

(4)　　0.4 9 1
　　＋0.8 2 5

(5)　　4.9 0 7
　　＋5.8 9 3

(6)　　0.6
　　＋0.9 8 1

(7)　　4
　　＋0.7 3 4

(8)　　8.9 3 6
　　＋2.8 5

(9)　　7.9 6 3
　　＋6.4

(10)　　7.0 7
　　＋8.2 0 8

(11)　　2.7 6 9
　　＋9.5

(12)　　5.6 1 4
　　＋3

**❷** 次の計算を筆算でしましょう。

1つ7点【28点】

(1) 0.161＋0.217

(2) 1＋5.42

(3) 0.78＋3.297

(4) 7.712＋2.15

🔄 次の筆算をしましょう。

1つ4点【12点】

スパイラルコーナー

(1) 6)749

(2) 4)958

(3) 3)589

**22 小数の計算⑤**

目ひょう時間 ⏱ **20分**

学習した日　　月　　日

名前

とく点　　／100点

1422
解説→177ページ

**❶** 次の筆算をしましょう。　　1つ5点【60点】

(1)
```
  0.6 3
+ 0.1
```

(2)
```
  0.4 8
+ 0.2
```

(3)
```
  0.7 3 6
+ 0.1 6 1
```

(4)
```
  0.4 9 1
+ 0.8 2 5
```

(5)
```
  4.9 0 7
+ 5.8 9 3
```

(6)
```
  0.6
+ 0.9 8 1
```

(7)
```
  4
+ 0.7 3 4
```

(8)
```
  8.9 3 6
+ 2.8 5
```

(9)
```
  7.9 6 3
+ 6.4
```

(10)
```
  7.0 7
+ 8.2 0 8
```

(11)
```
  2.7 6 9
+ 9.5
```

(12)
```
  5.6 1 4
+ 3
```

**❷** 次の計算を筆算でしましょう。　　1つ7点【28点】

(1) $0.161 + 0.217$

(2) $1 + 5.42$

(3) $0.78 + 3.297$

(4) $7.712 + 2.15$

🔄 次の筆算をしましょう。　　1つ4点【12点】

スパイラルコーナー

(1)
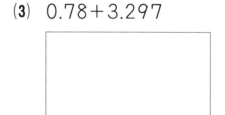

(2)

(3)
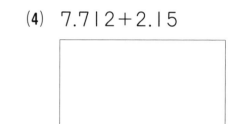

# 23 小数の計算⑥

❶ 次の筆算をしましょう。

1つ5点【60点】

(1)
```
  8.3 8
− 2.4 3
```

(2)
```
  7.9 8
− 3.3
```

(3)
```
  9.2 7 9
− 0.2
```

(4)
```
  0.6
− 0.3 3 7
```

(5)
```
  3.7 9 5
− 2.8 9
```

(6)
```
  2.3
− 1.1 4 6
```

(7)
```
  3.2 6
− 0.1 3 4
```

(8)
```
  4.1 7 4
− 3.1 4 2
```

(9)
```
  7
− 6.6 6
```

(10)
```
  7.0 5
− 3.5 5 5
```

(11)
```
  2.9 6 9
− 2.6 8
```

(12)
```
  5.1 5 5
− 4.2
```

❷ 次の計算を筆算でしましょう。

1つ7点【28点】

(1) 0.832−0.41

(2) 0.9−0.252

(3) 5.13−2.718

(4) 1−0.52

🔄 次の筆算をしましょう。

1つ4点【12点】

スパイラル
コーナー

(1)
```
5)3 4 5
```

(2)
```
8)6 3 8
```

(3)
```
6)5 5 8
```

# 23 小数の計算⑥

目ひょう時間 ⏱ 20分

学習した日　　　月　　　日　　とく点

名前

／100点

1423
解説→177ページ

❶ 次の筆算をしましょう。　　　　　　　1つ5点【60点】

(1)
```
  8.38
- 2.43
```

(2)
```
  7.98
- 3.3
```

(3)
```
  9.279
- 0.2
```

(4)
```
  0.6
- 0.337
```

(5)
```
  3.795
- 2.89
```

(6)
```
  2.3
- 1.146
```

(7)
```
  3.26
- 0.134
```

(8)
```
  4.174
- 3.142
```

(9)
```
  7
- 6.66
```

(10)
```
  7.05
- 3.555
```

(11)
```
  2.969
- 2.68
```

(12)
```
  5.155
- 4.2
```

❷ 次の計算を筆算でしましょう。　　　　1つ7点【28点】

(1) 0.832−0.41

(2) 0.9−0.252

(3) 5.13−2.718

(4) 1−0.52

🔄 次の筆算をしましょう。　　　　1つ4点【12点】

スパイラルコーナー

(1)
```
5)345
```

(2)
```
8)638
```

(3)
```
6)558
```

**24** まとめのテスト❹

目ひょう時間 20分

学習した日　　　月　　　日

名前

とく点 ／100点

1424
解説→178ページ

❶ 次の筆算をしましょう。　　　　1つ5点【60点】

(1)
```
  4.2 7
+ 3.1 1
```

(2)
```
  3.5 7
+ 4.6 7
```

(3)
```
  5.6 2
- 0.2 4
```

(4)
```
  0.4 4
+ 0.3 3 6
```

(5)
```
  3.9 5 2
- 3.1 5
```

(6)
```
  4.1 5
+ 8.6 3
```

(7)
```
  2.9 6 3
- 1.3
```

(8)
```
  6.6 1
+ 2.8 4 1
```

(9)
```
  3
- 1.2 6
```

(10)
```
  6.9 5 1
- 3.5
```

(11)
```
  3.9 0 6
+ 5.9 7 2
```

(12)
```
  3
- 0.7 2 3
```

❷ 次の計算を筆算でしましょう。　　1つ6点【24点】

(1) 0.26＋0.43

(2) 0.725＋0.275

(3) 5.613−3.607

(4) 3.7＋0.28

❸ 水がペットボトルに1.7L入っています。0.28L飲むと、残りは何Lになりますか。　　【全部できて16点】

(式)

答え（　　　　　）

# 24 まとめのテスト❹

目ひょう時間 20分

学習した日　　月　　日　　名前　　とく点　／100点　1424　解説→178ページ

❶ 次の筆算をしましょう。

1つ5点【60点】

(1)
```
  4.2 7
+ 3.1 1
```

(2)
```
  3.5 7
+ 4.6 7
```

(3)
```
  5.6 2
- 0.2 4
```

(4)
```
  0.4 4
+ 0.3 3 6
```

(5)
```
  3.9 5 2
- 3.1 5
```

(6)
```
  4.1 5
+ 8.6 3
```

(7)
```
  2.9 6 3
- 1.3
```

(8)
```
  6.6 1
+ 2.8 4 1
```

(9)
```
  3
- 1.2 6
```

(10)
```
  6.9 5 1
- 3.5
```

(11)
```
  3.9 0 6
+ 5.9 7 2
```

(12)
```
  3
- 0.7 2 3
```

❷ 次の計算を筆算でしましょう。

1つ6点【24点】

(1) 0.26＋0.43

(2) 0.725＋0.275

(3) 5.613－3.607

(4) 3.7＋0.28

❸ 水がペットボトルに1.7L入っています。0.28L飲むと、残りは何Lになりますか。

【全部できて16点】

(式)

答え(　　　　　　)

**25 パズル①**

目ひょう時間
⏱
**20分**

学習した日　　　月　　　日

名前

とく点

／100点

1425
解説→178ページ

❶ 次のパズルで、たて、横、ななめの３つの数の和がどれも
等しくなるように、㋐〜㋑に入る数を書きましょう。

(1) （全部できて50点）

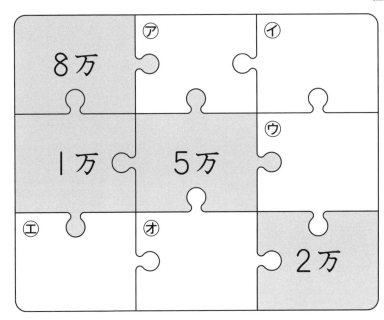

(2) （全部できて50点）

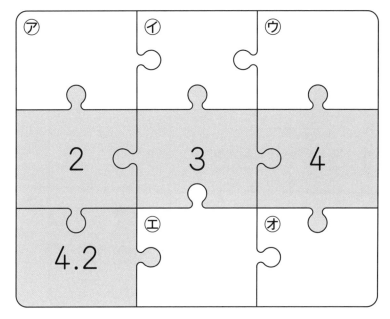

# 25 パズル①

目ひょう時間
⏱
20分

学習した日　　　月　　　日

名前

とく点
／100点

1425
解説→178ページ

❶ 次のパズルで、たて、横、ななめの3つの数の和がどれも
等しくなるように、㋐〜㋔に入る数を書きましょう。

(1)　　　　　　　　　　　　　　　　　（全部できて50点）

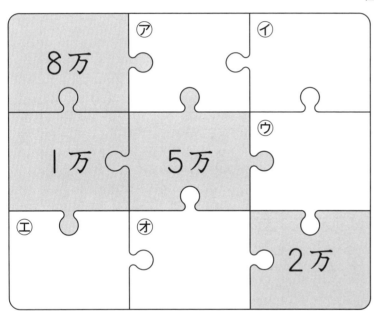

(2)　　　　　　　　　　　　　　　　　（全部できて50点）

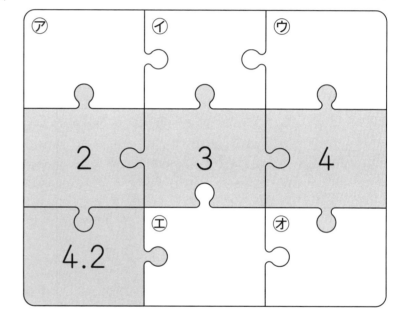

目ひょう時間 ⏱ 20分

✎学習した日　　　月　　　日

名前

とく点

／100点

1426
解説→178ページ

❶ 110÷30の計算のしかたを、次のように考えました。

☐ にあてはまる数を書きましょう。　　　1つ3点【18点】

10円玉が11まいで110円です。これを30円ずつ、つまり3まいずつ分けると、11÷3＝☐ あまり ☐

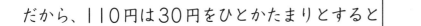

だから、110円は30円をひとかたまりとすると ☐ つに分けられて、あまりは2まい、つまり ☐ 円となります。これより、110÷30＝☐ あまり ☐

10をもとにしてわり算をしたときのあまりは、10がいくつあるかを表しています。

❷ 次の計算をしましょう。　　　1つ5点【40点】

(1) 60÷20＝

(2) 140÷70＝

(3) 400÷80＝

(4) 240÷40＝

(5) 720÷80＝

(6) 270÷30＝

(7) 490÷70＝

(8) 180÷60＝

❸ 次の計算をしましょう。　　　1つ5点【30点】

(1) 100÷30＝

(2) 140÷40＝

(3) 430÷60＝

(4) 310÷70＝

(5) 600÷80＝

(6) 380÷90＝

🔄 次の筆算をしましょう。　　　1つ4点【12点】

スパイラルコーナー

(1)
```
  0.4 5
+ 0.2 4
```

(2)
```
  1.2 3
+ 5.6 6
```

(3)
```
  0.8 3
+ 0.4 8
```

## 26 2けたの数でわるわり算①

目ひょう時間 ⏱ 20分

学習した日　　月　　日

名前

とく点 ／100点

1426
解説→178ページ

❶ 110÷30の計算のしかたを、次のように考えました。□にあてはまる数を書きましょう。

1つ3点【18点】

10円玉が11まいで110円です。これを30円ずつ、つまり3まいずつ分けると、11÷3=□ あまり□

だから、110円は30円をひとかたまりとすると□つに分けられて、あまりは2まい、つまり□円となります。これより、110÷30=□ あまり□

10をもとにしてわり算をしたときのあまりは、10がいくつあるかを表しています。

❷ 次の計算をしましょう。

1つ5点【40点】

(1) 60÷20=

(2) 140÷70=

(3) 400÷80=

(4) 240÷40=

(5) 720÷80=

(6) 270÷30=

(7) 490÷70=

(8) 180÷60=

❸ 次の計算をしましょう。

1つ5点【30点】

(1) 100÷30=

(2) 140÷40=

(3) 430÷60=

(4) 310÷70=

(5) 600÷80=

(6) 380÷90=

🔄 次の筆算をしましょう。

1つ4点【12点】

スパイラルコーナー

(1)　　0.4 5
　　＋0.2 4
　　─────

(2)　　1.2 3
　　＋5.6 6
　　─────

(3)　　0.8 3
　　＋0.4 8
　　─────

目ひょう時間  **20分**

学習した日　　　月　　　日

名前

とく点

／100点

1427
解説→179ページ

---

❶ 次の筆算をしましょう。

1つ5点【90点】

(1)
$$11\overline{)44}$$

(2)
$$31\overline{)93}$$

(3)
$$43\overline{)86}$$

(4)
$$69\overline{)69}$$

(5)
$$28\overline{)56}$$

(6)
$$29\overline{)87}$$

(7)
$$15\overline{)75}$$

(8)
$$36\overline{)72}$$

(9)
$$24\overline{)96}$$

(10)
$$17\overline{)68}$$

(11)
$$37\overline{)74}$$

(12)
$$59\overline{)59}$$

(13)
$$13\overline{)78}$$

(14)
$$16\overline{)96}$$

(15)
$$32\overline{)64}$$

(16)
$$23\overline{)69}$$

(17)
$$19\overline{)76}$$

(18)
$$33\overline{)99}$$

---

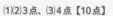 次の筆算をしましょう。

(1)(2)3点、(3)4点【10点】

スパイラルコーナー

(1)
$$\begin{array}{r} 7.24 \\ +2.36 \\ \hline \end{array}$$

(2)
$$\begin{array}{r} 0.61 \\ +0.97 \\ \hline \end{array}$$

(3)
$$\begin{array}{r} 4.58 \\ +2.76 \\ \hline \end{array}$$

# 27 2けたの数でわるわり算②

| 学習した日 | 月 | 日 | とく点 |
|---|---|---|---|
| 名前 | | | /100点 |

1427
解説→179ページ

❶ 次の筆算をしましょう。

1つ5点【90点】

(1)

$11\overline{)44}$

(2)

$31\overline{)93}$

(3)

$43\overline{)86}$

(4)

$69\overline{)69}$

(5)

$28\overline{)56}$

(6)

$29\overline{)87}$

(7)

$15\overline{)75}$

(8)

$36\overline{)72}$

(9)

$24\overline{)96}$

(10)

$17\overline{)68}$

(11)

$37\overline{)74}$

(12)

$59\overline{)59}$

(13)

$13\overline{)78}$

(14)

$16\overline{)96}$

(15)

$32\overline{)64}$

(16)

$23\overline{)69}$

(17)

$19\overline{)76}$

(18)

$33\overline{)99}$

次の筆算をしましょう。

(1)(2)3点、(3)4点【10点】

スパイラルコーナー

(1)
```
  7.2 4
+ 2.3 6
```

(2)
```
  0.6 1
+ 0.9 7
```

(3)
```
  4.5 8
+ 2.7 6
```

目ひょう時間 ⏱ **20分**

✎ 学習した日　　　　月　　　　日

名前

とく点　　／100点

1428
解説→179ページ

❶ 次の筆算をしましょう。

1つ5点【90点】

(1)
$$11\overline{)68}$$

(2)
$$23\overline{)70}$$

(3)
$$47\overline{)80}$$

(4)
$$38\overline{)84}$$

(5)
$$22\overline{)68}$$

(6)
$$32\overline{)74}$$

(7)
$$19\overline{)59}$$

(8)
$$14\overline{)82}$$

(9)
$$29\overline{)89}$$

(10)
$$62\overline{)79}$$

(11)
$$26\overline{)70}$$

(12)
$$18\overline{)96}$$

(13)
$$38\overline{)89}$$

(14)
$$28\overline{)69}$$

(15)
$$12\overline{)71}$$

(16)
$$16\overline{)81}$$

(17)
$$25\overline{)68}$$

(18)
$$13\overline{)74}$$

 **次の筆算をしましょう。**

(1)(2)3点、(3)4点【10点】

スパイラルコーナー

(1)
$$\begin{array}{r} 0.77 \\ -0.52 \\ \hline \end{array}$$

(2)
$$\begin{array}{r} 5.17 \\ -3.18 \\ \hline \end{array}$$

(3)
$$\begin{array}{r} 4.26 \\ -2.26 \\ \hline \end{array}$$

\ もう1回チャレンジ!! /

**28** **2けたの数でわるわり算③**

目ひょう時間
⏱
**20分**

✐ 学習した日　　　月　　　日

名前

とく点

／100点

1428
解説→179ページ

❶ 次の筆算をしましょう。

1つ5点【90点】

(1)
$11\overline{)68}$

(2)
$23\overline{)70}$

(3)
$47\overline{)80}$

(4)
$38\overline{)84}$

(5)
$22\overline{)68}$

(6)
$32\overline{)74}$

(7)
$19\overline{)59}$

(8)
$14\overline{)82}$

(9)
$29\overline{)89}$

(10)
$62\overline{)79}$

(11)
$26\overline{)70}$

(12)
$18\overline{)96}$

(13)
$38\overline{)89}$

(14)
$28\overline{)69}$

(15)
$12\overline{)71}$

(16)
$16\overline{)81}$

(17)
$25\overline{)68}$

(18)
$13\overline{)74}$

↻ 次の筆算をしましょう。

(1)(2)3点、(3)4点【10点】

スパイラル
コーナー

(1)
$\begin{array}{r} 0.77 \\ -0.52 \\ \hline \end{array}$

(2)
$\begin{array}{r} 5.17 \\ -3.18 \\ \hline \end{array}$

(3)
$\begin{array}{r} 4.26 \\ -2.26 \\ \hline \end{array}$

目ひょう時間 ⏱ **20分**

📝 学習した日　　　月　　　日

名前

とく点　／100点

1429
解説→180ページ

❶ 次の筆算をしましょう。　　1つ5点【90点】

(1)　62)186

(2)　73)146

(3)　91)728

(4)　21)126

(5)　52)260

(6)　32)288

(7)　19)152

(8)　84)504

(9)　97)388

(10)　47)282

(11)　23)161

(12)　94)658

(13)　18)126

(14)　33)132

(15)　65)455

(16)　43)344

(17)　57)171

(18)　39)351

 次の筆算をしましょう。　　(1)(2)3点、(3)4点【10点】

スパイラルコーナー

(1)
```
  2.5 4
- 0.6 9
```

(2)
```
  6.7 3
- 1.5 2
```

(3)
```
  3.7 1
- 2.6 6
```

# 29 2けたの数でわるわり算④

目ひょう時間 ⏱ 20分

| 学習した日 | 月 | 日 | とく点 |
| --- | --- | --- | --- |
| 名前 | | | /100点 |

1429
解説→180ページ

❶ 次の筆算をしましょう。

1つ5点【90点】

(1)
```
   62)186
```

(2)
```
   73)146
```

(3)
```
   91)728
```

(4)
```
   21)126
```

(5)
```
   52)260
```

(6)
```
   32)288
```

(7)
```
   19)152
```

(8)
```
   84)504
```

(9)
```
   97)388
```

(10)
```
   47)282
```

(11)
```
   23)161
```

(12)
```
   94)658
```

(13)
```
   18)126
```

(14)
```
   33)132
```

(15)
```
   65)455
```

(16)
```
   43)344
```

(17)
```
   57)171
```

(18)
```
   39)351
```

🔄 次の筆算をしましょう。

スパイラルコーナー

(1)(2)3点、(3)4点【10点】

(1)
```
  2.5 4
- 0.6 9
```

(2)
```
  6.7 3
- 1.5 2
```

(3)
```
  3.7 1
- 2.6 6
```

目ひょう時間
🕐 **20分**

学習した日　　　月　　　日

名前

とく点
／100点

1430
解説→180ページ

❶　次の筆算をしましょう。　　　　　　　　　　1つ5点【90点】

(1)
$56\overline{)169}$

(2)
$61\overline{)479}$

(3)
$22\overline{)199}$

(4)
$47\overline{)372}$

(5)
$18\overline{)134}$

(6)
$31\overline{)305}$

(7)
$12\overline{)100}$

(8)
$68\overline{)479}$

(9)
$26\overline{)252}$

(10)
$48\overline{)371}$

(11)
$18\overline{)122}$

(12)
$74\overline{)597}$

(13)
$18\overline{)150}$

(14)
$22\overline{)148}$

(15)
$27\overline{)172}$

(16)
$36\overline{)280}$

(17)
$25\overline{)120}$

(18)
$17\overline{)169}$

↻ **次の筆算をしましょう。**　　　　　(1)(2)3点、(3)4点【10点】

スパイラル
コーナー

(1)
$$\begin{array}{r} 0.231 \\ +0.503 \\ \hline \end{array}$$

(2)
$$\begin{array}{r} 0.713 \\ +0.747 \\ \hline \end{array}$$

(3)
$$\begin{array}{r} 2.142 \\ +3.747 \\ \hline \end{array}$$

# 30 2けたの数でわるわり算⑤

目ひょう時間
⏱
**20**分

名前

とく点

／100点

1430
解説→180ページ

らくらく
マルつけ

❶　次の筆算をしましょう。

1つ5点【90点】

(1)
56)169

(2)
61)479

(3)
22)199

(4)
47)372

(5)
18)134

(6)
31)305

(7)
12)100

(8)
68)479

(9)
26)252

(10)
48)371

(11)
18)122

(12)
74)597

(13)
18)150

(14)
22)148

(15)
27)172

(16)
36)280

(17)
25)120

(18)
17)169

🔄　次の筆算をしましょう。

(1)(2)3点、(3)4点【10点】

スパイラル
コーナー

(1)
0.231
＋0.503

(2)
0.713
＋0.747

(3)
2.142
＋3.747

❶ 次の筆算をしましょう。　　　　　　　　　　1つ6点【90点】

(1)
$$21 \overline{)504}$$

(2)
$$34 \overline{)442}$$

(3)
$$13 \overline{)949}$$

(4)
$$15 \overline{)615}$$

(5)
$$42 \overline{)924}$$

(6)
$$31 \overline{)558}$$

(7)
$$43 \overline{)860}$$

(8)
$$28 \overline{)840}$$

(9)
$$52 \overline{)884}$$

(10)
$$47 \overline{)564}$$

(11)
$$19 \overline{)779}$$

(12)
$$31 \overline{)992}$$

(13)
$$18 \overline{)702}$$

(14)
$$25 \overline{)850}$$

(15)
$$17 \overline{)476}$$

🔄 **次の筆算をしましょう。**　　　　　(1)(2)3点、(3)4点【10点】

スパイラル
コーナー

(1)
$$\begin{array}{r} 4.048 \\ + 5.523 \\ \hline \end{array}$$

(2)
$$\begin{array}{r} 1.706 \\ + 5.625 \\ \hline \end{array}$$

(3)
$$\begin{array}{r} 2.832 \\ + 0.546 \\ \hline \end{array}$$

# 31 2けたの数でわるわり算⑥

目ひょう時間 ⏱ **20**分

学習した日　　月　　日

名前

とく点 ／100点

1431
解説→181ページ

❶ 次の筆算をしましょう。

1つ6点【90点】

(1)
$$21 \overline{)504}$$

(2)
$$34 \overline{)442}$$

(3)
$$13 \overline{)949}$$

(4)
$$15 \overline{)615}$$

(5)
$$42 \overline{)924}$$

(6)
$$31 \overline{)558}$$

(7)
$$43 \overline{)860}$$

(8)
$$28 \overline{)840}$$

(9)
$$52 \overline{)884}$$

(10)
$$47 \overline{)564}$$

(11)
$$19 \overline{)779}$$

(12)
$$31 \overline{)992}$$

(13)
$$18 \overline{)702}$$

(14)
$$25 \overline{)850}$$

(15)
$$17 \overline{)476}$$

🔄 次の筆算をしましょう。

(1)(2)3点、(3)4点【10点】

スパイラル
コーナー

(1)
$$\begin{array}{r} 4.048 \\ +5.523 \\ \hline \end{array}$$

(2)
$$\begin{array}{r} 1.706 \\ +5.625 \\ \hline \end{array}$$

(3)
$$\begin{array}{r} 2.832 \\ +0.546 \\ \hline \end{array}$$

目ひょう時間 ⏱ **20分**

✎学習した日　　　月　　　日

名前

とく点

／100点

1432
解説→181ページ

❶ 次の筆算をしましょう。

1つ6点【90点】

(1)
$$35\overline{)638}$$

(2)
$$23\overline{)400}$$

(3)
$$17\overline{)690}$$

(4)
$$19\overline{)450}$$

(5)
$$47\overline{)571}$$

(6)
$$42\overline{)897}$$

(7)
$$26\overline{)898}$$

(8)
$$11\overline{)834}$$

(9)
$$18\overline{)484}$$

(10)
$$41\overline{)564}$$

(11)
$$33\overline{)779}$$

(12)
$$65\overline{)988}$$

(13)
$$13\overline{)602}$$

(14)
$$75\overline{)850}$$

(15)
$$12\overline{)474}$$

 次の筆算をしましょう。

(1)(2)3点、(3)4点【10点】

スパイラル
コーナー

(1)
$$\begin{array}{r} 2.847 \\ -2.589 \\ \hline \end{array}$$

(2)
$$\begin{array}{r} 1.085 \\ -0.468 \\ \hline \end{array}$$

(3)
$$\begin{array}{r} 7.647 \\ -7.179 \\ \hline \end{array}$$

# 32 2けたの数でわるわり算⑦

目ひょう時間
⏱
20分

| 学習した日 | 月 | 日 | とく点 |
|---|---|---|---|
| 名前 | | | |

/100点

1432
解説→181ページ

❶ 次の筆算をしましょう。

1つ6点【90点】

(1)
$$35 \overline{)638}$$

(2)
$$23 \overline{)400}$$

(3)
$$17 \overline{)690}$$

(4)
$$19 \overline{)450}$$

(5)
$$47 \overline{)571}$$

(6)
$$42 \overline{)897}$$

(7)
$$26 \overline{)898}$$

(8)
$$11 \overline{)834}$$

(9)
$$18 \overline{)484}$$

(10)
$$41 \overline{)564}$$

(11)
$$33 \overline{)779}$$

(12)
$$65 \overline{)988}$$

(13)
$$13 \overline{)602}$$

(14)
$$75 \overline{)850}$$

(15)
$$12 \overline{)474}$$

🔄 次の筆算をしましょう。

(1)(2)3点、(3)4点【10点】

スパイラル
コーナー

(1)
$$2.847 - 2.589$$

(2)
$$1.085 - 0.468$$

(3)
$$7.647 - 7.179$$

66

学習した日　　月　　日

名前

とく点

/100点

1433
解説→181ページ

---

**❶ 次の筆算をしましょう。**　　1つ8点【48点】

(1)
$$132\overline{)528}$$

(2)
$$243\overline{)486}$$

(3)
$$137\overline{)548}$$

(4)
$$196\overline{)980}$$

(5)
$$317\overline{)951}$$

(6)
$$145\overline{)870}$$

---

**❷ 次の筆算をしましょう。**　　1つ10点【40点】

(1)
$$638\overline{)7656}$$

(2)
$$239\overline{)5258}$$

(3)
$$418\overline{)7106}$$

(4)
$$375\overline{)9375}$$

**次の筆算をしましょう。**　　1つ4点【12点】

スパイラル
コーナー

(1)
$$7.415$$
$$-3.584$$

(2)
$$1.754$$
$$-1.002$$

(3)
$$9.464$$
$$-7.718$$

# 33 3けたの数でわるわり算①

学習した日　　　月　　　日

名前

とく点　　／100点

1433
解説→181ページ

---

❶ 次の筆算をしましょう。　1つ8点【48点】

(1)
$132 \overline{)528}$

(2)
$243 \overline{)486}$

(3)
$137 \overline{)548}$

(4)
$196 \overline{)980}$

(5)
$317 \overline{)951}$

(6)
$145 \overline{)870}$

---

❷ 次の筆算をしましょう。　1つ10点【40点】

(1)
$638 \overline{)7656}$

(2)
$239 \overline{)5258}$

(3)
$418 \overline{)7106}$

(4)
$375 \overline{)9375}$

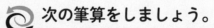

次の筆算をしましょう。　1つ4点【12点】

スパイラルコーナー

(1)
$\begin{array}{r} 7.415 \\ -3.584 \\ \hline \end{array}$

(2)
$\begin{array}{r} 1.754 \\ -1.002 \\ \hline \end{array}$

(3)
$\begin{array}{r} 9.464 \\ -7.718 \\ \hline \end{array}$

# 34 3けたの数でわるわり算②

目ひょう時間 ⏱ 20分

学習した日　　　月　　　日

名前

とく点　　／100点

1434
解説→182ページ

---

**①** 次の筆算をしましょう。

1つ8点【48点】

(1)
$$246 \overline{)648}$$

(2)
$$158 \overline{)744}$$

(3)
$$278 \overline{)900}$$

(4)
$$192 \overline{)699}$$

(5)
$$327 \overline{)952}$$

(6)
$$154 \overline{)888}$$

**②** 次の筆算をしましょう。

1つ10点【40点】

(1)
$$237 \overline{)6836}$$

(2)
$$139 \overline{)8167}$$

(3)
$$367 \overline{)6507}$$

(4)
$$174 \overline{)6032}$$

🔁 次の筆算をしましょう。

1つ4点【12点】

スパイラルコーナー

(1)
$$\begin{array}{r} 0.853 \\ + 3.2 \\ \hline \end{array}$$

(2)
$$\begin{array}{r} 4.011 \\ + 1.72 \\ \hline \end{array}$$

(3)
$$\begin{array}{r} 1 \\ + 6.162 \\ \hline \end{array}$$

# 34 3けたの数でわるわり算②

目ひょう時間
⏱ 20分

学習した日　　月　　日

名前

とく点

／100点

1434
解説→182ページ

❶ 次の筆算をしましょう。 1つ8点【48点】

(1)

$246\overline{)648}$

(2)

$158\overline{)744}$

(3)

$278\overline{)900}$

(4)

$192\overline{)699}$

(5)

$327\overline{)952}$

(6)

$154\overline{)888}$

❷ 次の筆算をしましょう。 1つ10点【40点】

(1)

$237\overline{)6836}$

(2)

$139\overline{)8167}$

(3)

$367\overline{)6507}$

(4)

$174\overline{)6032}$

🔄 次の筆算をしましょう。 1つ4点【12点】

スパイラルコーナー

(1)
```
  0.853
+ 3.2
```

(2)
```
  4.011
+ 1.72
```

(3)
```
  1
+ 6.162
```

目ひょう時間
⏱
**20**分

📝 学習した日　　　月　　　日　　名前　　　　　　　とく点　　／100点

1435
解説→182ページ

❶ わり算のせいしつについて、次の □ にあてはまる数を書きましょう。

【40点】

(1) $4800 \div 800 = 6$

$\div 100 \downarrow \qquad \downarrow \div \boxed{\phantom{00}}$

$48 \div \boxed{\phantom{00}} = 6$

（全部できて12点）

(2) $56000 \div 7000 = 8$

$\div 1000 \downarrow \qquad \downarrow \div \boxed{\phantom{00}}$

$\boxed{\phantom{00}} \div 7 = 8$

（全部できて12点）

(3) $4000 \div 250 = 16$

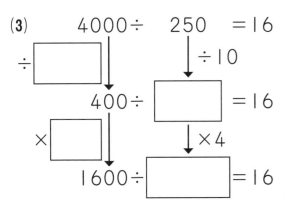

$\div \boxed{\phantom{00}} \downarrow \qquad \downarrow \div 10$

$400 \div \boxed{\phantom{00}} = 16$

$\times \boxed{\phantom{00}} \downarrow \qquad \downarrow \times 4$

$1600 \div \boxed{\phantom{00}} = 16$

（全部できて16点）

❷ $2700 \div 400$ の答えを次から選び、記号で書きましょう。

【8点】( 　　 )

㋐ 6あまり3　　㋑ 6あまり300　　㋒ 600あまり300

❸ 次の筆算をしましょう。

1つ10点【40点】

(1)
$200\,\overline{)\,1200}$

(2)
$300\,\overline{)\,3500}$

(3)
$30\,\overline{)\,2400}$

(4)
$600\,\overline{)\,4500}$

🔄 次の筆算をしましょう。

1つ4点【12点】

スパイラル
コーナー

(1)　$3.1$
　　$+\,0.625$

(2)　$1.51$
　　$+\,2.721$

(3)　$2$
　　$+\,1.712$

# 35 わり算のせいしつ

学習した日　　　月　　　日

名前

とく点

／100点

1435
解説→182ページ

---

❶ わり算のせいしつについて、次の □ にあてはまる数を書きましょう。　【40点】

(1)
$$4800 \div 800 = 6$$

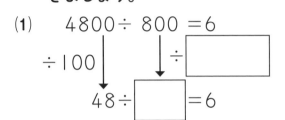

$$48 \div \boxed{\phantom{0}} = 6$$

（全部できて12点）

(2)
$$56000 \div 7000 = 8$$

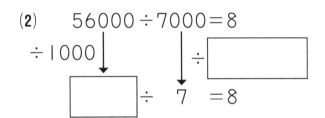

$$\boxed{\phantom{0}} \div 7 = 8$$

（全部できて12点）

(3)
$$4000 \div 250 = 16$$

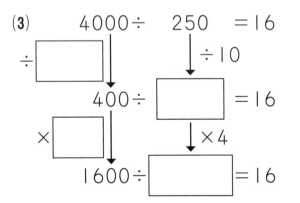

$$400 \div \boxed{\phantom{0}} = 16$$

$$1600 \div \boxed{\phantom{0}} = 16$$

（全部できて16点）

❷ 2700÷400の答えを次から選び、記号で書きましょう。

【8点】（　　　）

㋐ 6あまり3　　㋑ 6あまり300　　㋒ 600あまり300

---

❸ 次の筆算をしましょう。　1つ10点【40点】

(1)
$$200 \overline{\smash{)}1200}$$

(2)
$$300 \overline{\smash{)}3500}$$

(3)
$$30 \overline{\smash{)}2400}$$

(4)
$$600 \overline{\smash{)}4500}$$

🔄 次の筆算をしましょう。　1つ4点【12点】

スパイラルコーナー
(1)
$$\begin{array}{r} 3.1 \\ +0.625 \\ \hline \end{array}$$

(2)
$$\begin{array}{r} 1.51 \\ +2.721 \\ \hline \end{array}$$

(3)
$$\begin{array}{r} 2 \\ +1.712 \\ \hline \end{array}$$

**1** 次の計算をしましょう。

1つ4点【16点】

(1) 420÷60＝

(2) 140÷70＝

(3) 360÷90＝

(4) 250÷50＝

**2** 次の筆算をしましょう。

1つ5点【60点】

(1) 29)87

(2) 35)70

(3) 67)469

(4) 49)441

(5) 54)324

(6) 44)176

(7) 33)165

(8) 24)192

(9) 79)553

(10) 26)624

(11) 71)994

(12) 19)209

**3** 次の筆算をしましょう。

1つ6点【24点】

(1) 138)552

(2) 319)7656

(3) 247)8645

(4) 194)9506

# 36 まとめのテスト⑤

目ひょう時間 20分

学習した日　月　日

名前

とく点　／100点

1436
解説→182ページ

らくらくマルつけ

## ❶ 次の計算をしましょう。　1つ4点【16点】

(1) 420÷60＝

(2) 140÷70＝

(3) 360÷90＝

(4) 250÷50＝

## ❷ 次の筆算をしましょう。　1つ5点【60点】

(1) 29)87

(2) 35)70

(3) 67)469

(4) 49)441

(5) 54)324

(6) 44)176

(7) 33)165

(8) 24)192

(9) 79)553

(10) 26)624

(11) 71)994

(12) 19)209

## ❸ 次の筆算をしましょう。　1つ6点【24点】

(1) 138)552

(2) 319)7656

(3) 247)8645

(4) 194)9506

目ひょう時間 ⏱ 20分

🖉 学習した日　　　月　　　日

名前

とく点　／100点

1437
解説→183ページ

❶ 次の計算をしましょう。　　　　　1つ5点【10点】

(1) $410 \div 50 =$

(2) $220 \div 60 =$

❷ 次の筆算をしましょう。　　　　　1つ8点【80点】

(1) $34\overline{)88}$

(2) $18\overline{)80}$

(3) $82\overline{)701}$

(4) $59\overline{)471}$

(5) $49\overline{)829}$

(6) $56\overline{)760}$

(7) $223\overline{)683}$

(8) $157\overline{)7237}$

(9) $382\overline{)6641}$

(10) $187\overline{)5907}$

❸ 次の筆算をしましょう。　　　　　1つ5点【10点】

(1) $600\overline{)1800}$

(2) $600\overline{)3700}$

# 37 まとめのテスト ❻

目ひょう時間 ⏱ **20分**

学習した日　　　月　　　日　　とく点

名前

／100点

1437
解説→183ページ

❶ 次の計算をしましょう。　　　　　　　　　1つ5点【10点】

(1) $410 \div 50 =$

(2) $220 \div 60 =$

❷ 次の筆算をしましょう。　　　　　　　　　1つ8点【80点】

(1) $34 \overline{)88}$

(2) $18 \overline{)80}$

(3) $82 \overline{)701}$

(4) $59 \overline{)471}$

(5) $49 \overline{)829}$

(6) $56 \overline{)760}$

(7) $223 \overline{)683}$

(8) $157 \overline{)7237}$

(9) $382 \overline{)6641}$

(10) $187 \overline{)5907}$

❸ 次の筆算をしましょう。　　　　　　　　　1つ5点【10点】

(1) $600 \overline{)1800}$

(2) $600 \overline{)3700}$

目ひょう時間 ⏱ 20分

✎ 学習した日　　　月　　　日
名前
とく点 ／100点

1438
解説→183ページ

❶ 次のわり算の筆算で、□にあてはまる数字を書きましょう。

(1)
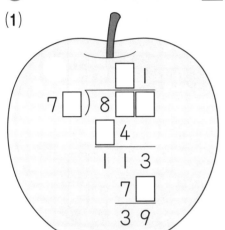
```
        □ 1
  7 □ ) 8 □ □
        □ 4
      1 1 3
        7 □
          3 9
```
（全部できて8点）

(2)
```
          4 □
  □ 3 ) 9 □ 8
        □ 2
        □ 8
        4 6
          1 2
```
（全部できて8点）

(3)
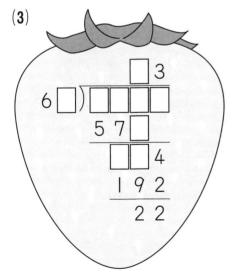
```
          □ 3
  6 □ ) □ □ □ □
        5 7 □
        □ □ 4
        1 9 2
          2 2
```
（全部できて10点）

(4)

```
          2 □
  □ 6 ) □ □ 4 □
        □ 1 2
        3 □ □
        □ □ 0
          4 6
```
（全部できて10点）

(5)
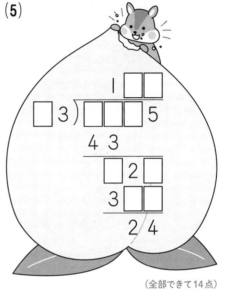
```
            1 □ □
  □ 3 ) □ □ □ 5
        4 3
        □ 2 □
        3 □ □
          2 4
```
（全部できて14点）

(6)
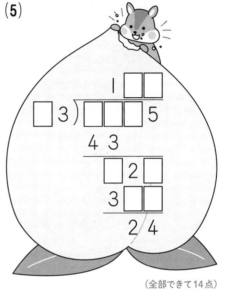
```
  8 □ ) □ □ 0 □
        □ □
        7 0 9
        □ □ □
```
（全部できて14点）

(7)
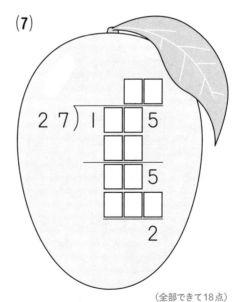
```
  2 7 ) 1 □ □ 5
        □ □
        □ □ 5
        □ □ □
            2
```
（全部できて18点）

(8)
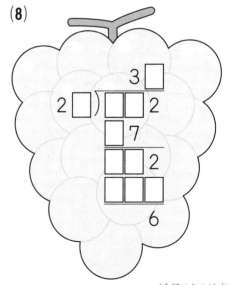
```
          3 □
  2 □ ) □ □ 2
        □ 7
        □ □ 2
        □ □ 2
            6
```
（全部できて18点）

# 38 パズル②

目ひょう時間
🕐 20分

学習した日　　　月　　　日

名前

とく点
／100点

1438
解説→183ページ

❶ 次のわり算の筆算で、□にあてはまる数字を書きましょう。

(1)
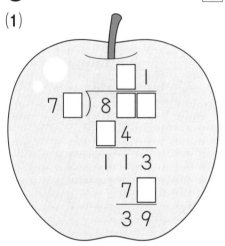

```
        □ 1
  7 □ ) 8 □ □
      □ 4
      1 1 3
        7 □
        3 9
```

（全部できて8点）

(2)

```
          4 □
  □ 3 ) 9 □ 8
        □ 2
          □ 8
          4 6
          1 2
```

（全部できて8点）

(5)

```
          1 □ □
  □ 3 ) □ □ 5
        4 3
        □ 2 □
        3 □ □
          2 4
```

（全部できて14点）

(6)

```
          □ □
  8 □ ) □ □ 0
        □ □
        7 0 9
        □ □ □
```

（全部できて14点）

(3)
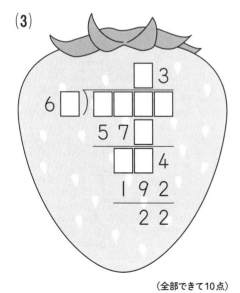

```
          □ 3
  6 □ ) □ □ □ □
        5 7 □
        □ □ 4
        1 9 2
          2 2
```

（全部できて10点）

(4)

```
        2 □
  □ 6 ) □ □ 4 □
        □ 1 2
        3 □ □
        □ □ 0
          4 6
```

（全部できて10点）

(7)
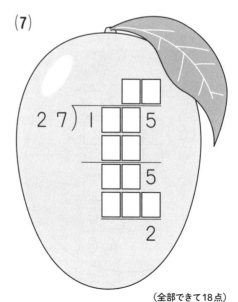

```
          □ □
  2 7 ) 1 □ □ 5
        □ □
        □ □ 5
        □ □
          2
```

（全部できて18点）

(8)
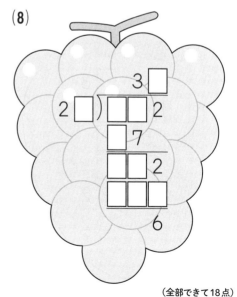

```
          3 □
  2 □ ) □ □ 2
        □ 7
        □ □ 2
        □ □
          6
```

（全部できて18点）

目ひょう時間 ⏱ **20分**

🖉 学習した日　　　月　　　日

名前

とく点 ／100点

1439
解説→183ページ

❶ プリントを、姉は18まい、弟は6まい持っています。姉の
プリントのまい数は、弟のプリントのまい数の何倍ですか。

【全部できて23点】

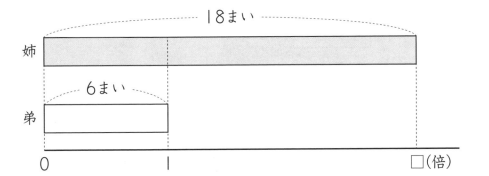

（式）

答え（　　　　　）

❷ 兄の体重は36kg、妹の体重は18kgです。兄の体重は、妹
の体重の何倍ですか。

【全部できて23点】

（式）

答え（　　　　　）

❸ 次の 🔲 にあてはまる数を書きましょう。

1つ6点【42点】

(1) 21は7の 🔲 倍です。

(2) 40は8の 🔲 倍です。

(3) 36は9の 🔲 倍です。

(4) 45は3の 🔲 倍です。

(5) 72は9の 🔲 倍です。

(6) 56は8の 🔲 倍です。

(7) 24は4の 🔲 倍です。

 次の筆算をしましょう。

1つ4点【12点】

スパイラル
コーナー

(1)
```
   2
 - 0.7 2 5
```

(2)
```
 3.5 7 1
 - 2.7 2
```

(3)
```
 7.3
 - 5.1 6 2
```

**39** わりあい **割合①**

学習した日　　　月　　　日

名前

とく点

／100点

1439
解説→183ページ

❶ プリントを、姉は18まい、弟は6まい持っています。姉の
プリントのまい数は、弟のプリントのまい数の何倍ですか。

【全部できて23点】

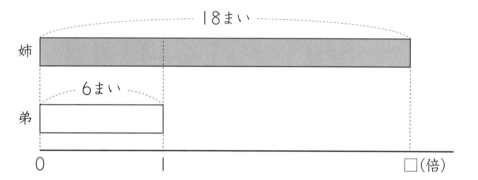

(式)

答え(　　　　　)

❸ 次の☐にあてはまる数を書きましょう。

1つ6点【42点】

(1) 21は7の☐倍です。

(2) 40は8の☐倍です。

(3) 36は9の☐倍です。

(4) 45は3の☐倍です。

(5) 72は9の☐倍です。

(6) 56は8の☐倍です。

(7) 24は4の☐倍です。

❷ 兄の体重は36kg、妹の体重は18kgです。兄の体重は、妹
の体重の何倍ですか。

【全部できて23点】

(式)

答え(　　　　　)

↻ 次の筆算をしましょう。

1つ4点【12点】

スパイラル
コーナー

(1)
```
  2
-0.725
```

(2)
```
 3.571
-2.72
```

(3)
```
 7.3
-5.162
```

❶ お皿の上に、チーズとチョコレートがのっています。チーズの数は36こで、チョコレートの数の4倍あります。次の問いに答えましょう。　【23点】

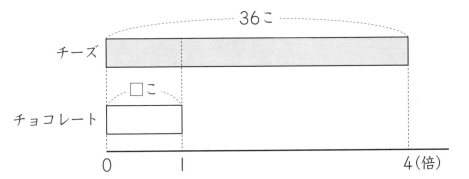

(1) チョコレートの数を□ことして、かけ算の式で表しましょう。　（10点）

（　　　　　　　）

(2) チョコレートの数は何こですか。　（13点）（　　　　　　　）

❷ 家にあるさとうと塩の重さをはかると、さとうの重さは、塩の重さの6倍で、900gでした。次の問いに答えましょう。　【23点】

(1) 塩の重さを□gとして、かけ算の式で表しましょう。　（10点）

（　　　　　　　）

(2) 塩の重さは何gありましたか。　（13点）（　　　　　　　）

❸ 次の□にあてはまる数を書きましょう。　1つ6点【42点】

(1) □の6倍は24です。

(2) □の2倍は4です。

(3) □の3倍は24です。

(4) □の5倍は35です。

(5) □の6倍は36です。

(6) □の3倍は15です。

(7) □の2倍は20です。

🔄 次の筆算をしましょう。　1つ4点【12点】

スパイラル
コーナー

(1)
$$\begin{array}{r} 1.5 \\ -0.68 \\ \hline \end{array}$$

(2)
$$\begin{array}{r} 6.155 \\ -5.82 \\ \hline \end{array}$$

(3)
$$\begin{array}{r} 2 \\ -1.062 \\ \hline \end{array}$$

**40** わりあい
**割合②**

目ひょう時間 ⏱ **20分**

名前

とく点 ／100点

1440
解説→184ページ

❶ お皿の上に、チーズとチョコレートがのっています。チーズの数は36こで、チョコレートの数の4倍あります。次の問いに答えましょう。 【23点】

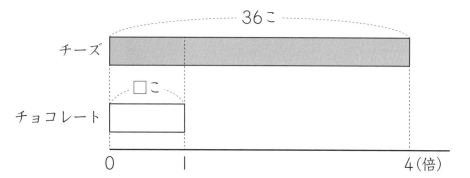

(1) チョコレートの数を□ことして、かけ算の式で表しましょう。 (10点)

（　　　　　　　　　）

(2) チョコレートの数は何こですか。 (13点)（　　　　　　　　　）

❷ 家にあるさとうと塩の重さをはかると、さとうの重さは、塩の重さの6倍で、900gでした。次の問いに答えましょう。 【23点】

(1) 塩の重さを□gとして、かけ算の式で表しましょう。 (10点)

（　　　　　　　　　）

(2) 塩の重さは何gありましたか。 (13点)（　　　　　　　　　）

❸ 次の□□□にあてはまる数を書きましょう。 1つ6点【42点】

(1) □ の6倍は24です。

(2) □ の2倍は4です。

(3) □ の3倍は24です。

(4) □ の5倍は35です。

(5) □ の6倍は36です。

(6) □ の3倍は15です。

(7) □ の2倍は20です。

🔄 次の筆算をしましょう。 1つ4点【12点】

スパイラルコーナー
(1)
```
  1.5
- 0.68
```

(2)
```
  6.155
- 5.82
```

(3)
```
  2
- 1.062
```

**41** がい数とその計算①

目ひょう時間 ⏱ **20分**

✎ 学習した日　　　月　　　日

名前

とく点

／100点

1441
解説→184ページ

**①** 次の数を四捨五入して、百の位までのがい数で表しましょう。

1つ5点【20点】

(1) 1687

(2) 8039

(　　　　　　　)　　　　(　　　　　　　)

(3) 81457

(4) 33568

(　　　　　　　)　　　　(　　　　　　　)

**②** 次の数を四捨五入して、千の位までのがい数で表しましょう。

1つ5点【30点】

(1) 2435

(2) 86225

(　　　　　　　)　　　　(　　　　　　　)

(3) 41830

(4) 131967

(　　　　　　　)　　　　(　　　　　　　)

(5) 6315852

(6) 5269568

(　　　　　　　)　　　　(　　　　　　　)

**③** 次の数を四捨五入して、上から2けたのがい数で表しましょう。

1つ5点【20点】

(1) 35315

(2) 89281

(　　　　　　　)　　　　(　　　　　　　)

(3) 6527819

(4) 5269568

(　　　　　　　)　　　　(　　　　　　　)

**④** 次の数を四捨五入して、上から1けたのがい数で表しましょう。

1つ5点【20点】

(1) 87916

(2) 22229

(　　　　　　　)　　　　(　　　　　　　)

(3) 357290

(4) 54826666

(　　　　　　　)　　　　(　　　　　　　)

 次の計算をしましょう。

1つ5点【10点】

スパイラルコーナー (1) $320 \div 40 =$

(2) $100 \div 20 =$

# 41 がい数とその計算①

目ひょう時間 ⏱ 20分

✏ 学習した日　　　月　　　日

名前

とく点 ／100点

1441
解説→184ページ

---

❶ 次の数を四捨五入して、百の位までのがい数で表しましょう。

1つ5点【20点】

(1) 1687

(2) 8039

(　　　　　)　　　(　　　　　)

(3) 81457

(4) 33568

(　　　　　)　　　(　　　　　)

❷ 次の数を四捨五入して、千の位までのがい数で表しましょう。

1つ5点【30点】

(1) 2435

(2) 86225

(　　　　　)　　　(　　　　　)

(3) 41830

(4) 131967

(　　　　　)　　　(　　　　　)

(5) 6315852

(6) 5269568

(　　　　　)　　　(　　　　　)

❸ 次の数を四捨五入して、上から2けたのがい数で表しましょう。

1つ5点【20点】

(1) 35315

(2) 89281

(　　　　　)　　　(　　　　　)

(3) 6527819

(4) 5269568

(　　　　　)　　　(　　　　　)

❹ 次の数を四捨五入して、上から1けたのがい数で表しましょう。

1つ5点【20点】

(1) 87916

(2) 22229

(　　　　　)　　　(　　　　　)

(3) 357290

(4) 54826666

(　　　　　)　　　(　　　　　)

🔄 次の計算をしましょう。

1つ5点【10点】

スパイラルコーナー
(1) $320 \div 40 =$

(2) $100 \div 20 =$

# 42 がい数とその計算②

目ひょう時間 ⏱ **20分**

学習した日　　月　　日
名前
とく点
／100点

1442
解説→184ページ

 **①** 次の計算の答えを、式の数を上から2けたのがい数にしてから求めましょう。

1つ10点【40点】

(1) 4022＋8280

(　　　　　　)

(2) 8955－5702

(　　　　　　)

(3) 42520＋96212

(　　　　　　)

(4) 78427－64773

(　　　　　　)

**②** 次の計算の答えを、式の数を一万の位までのがい数にしてから求めましょう。

1つ16点【48点】

(1) 797205＋258779

(　　　　　　)

(2) 307145－114686

(　　　　　　)

(3) 716659＋624821

(　　　　　　)

🔄 次の筆算をしましょう。

1つ6点【12点】

スパイラルコーナー (1)

$17 \overline{)68}$

(2)

$38 \overline{)93}$

# 42 がい数とその計算②

目ひょう時間
⏱
20分

学習した日　　　月　　　日

名前

とく点

／100点

1442
解説→184ページ

❶ 次の計算の答えを、式の数を上から2けたのがい数にしてから求めましょう。

1つ10点【40点】

(1) 4022＋8280

（　　　　　　）

(2) 8955－5702

（　　　　　　）

(3) 42520＋96212

（　　　　　　）

(4) 78427－64773

（　　　　　　）

❷ 次の計算の答えを、式の数を一万の位までのがい数にしてから求めましょう。

1つ16点【48点】

(1) 797205＋258779

（　　　　　　）

(2) 307145－114686

（　　　　　　）

(3) 716659＋624821

（　　　　　　）

🔄 次の筆算をしましょう。

1つ6点【12点】

スパイラルコーナー

(1)

(2)

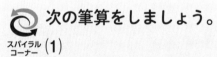

$17)\overline{68}$ 　　　$38)\overline{93}$

目ひょう時間
⏱
**20**分

✎学習した日　　　月　　　日

名前

とく点

／100点

1443
解説→185ページ

❶ 次の計算の答えを、式の数を上から1けたのがい数にしてから求めましょう。

1つ8点【40点】

(1) 863×34

（　　　　　　　）

(2) 395×183

（　　　　　　　）

(3) 556×850

（　　　　　　　）

(4) 1199×406

（　　　　　　　）

(5) 7591×382

（　　　　　　　）

❷ 次の計算の答えを、わられる数を上から2けたのがい数に、わる数を上から1けたのがい数にしてから求めましょう。

1つ16点【48点】

(1) 2696÷25

（　　　　　　　）

(2) 72462÷84

（　　　　　　　）

(3) 6286497÷923

（　　　　　　　）

🔄 次の筆算をしましょう。

1つ6点【12点】

スパイラル
コーナー (1)

77)539

(2)

58)413

# 43 がい数とその計算③

❶ 次の計算の答えを、式の数を上から１けたのがい数にしてから求めましょう。

1つ8点【40点】

(1) 863×34

（　　　　　）

(2) 395×183

（　　　　　）

(3) 556×850

（　　　　　）

(4) 1199×406

（　　　　　）

(5) 7591×382

（　　　　　）

❷ 次の計算の答えを、わられる数を上から２けたのがい数に、わる数を上から１けたのがい数にしてから求めましょう。

1つ16点【48点】

(1) 2696÷25

（　　　　　）

(2) 72462÷84

（　　　　　）

(3) 6286497÷923

（　　　　　）

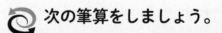

次の筆算をしましょう。

1つ6点【12点】

スパイラルコーナー

(1)

77)539

(2)

58)413

目ひょう時間 ⏱ 20分

✏ 学習した日　　月　　日　　とく点　名前　／100点　1444　解説→185ページ

❶ 次の ☐ にあてはまる数を書きましょう。　1つ4点【12点】

(1) $40-(82-52)=40-$ ☐ $=$ ☐

(2) $24\div(2\times3)=24\div$ ☐ $=$ ☐

(3) $(15+3)\div(2\times3)=$ ☐ $\div6=$ ☐

❷ 次の計算をしましょう。　1つ6点【78点】

(1) $92-(51+31)=$

(2) $26-(86-72)=$

(3) $47\times(45-43)=$

(4) $(3+5)\div2=$

(5) $56\div(10-2)=$

(6) $36\div(2\times3)=$

(7) $(27+33)\times3=$

(8) $17-(64-58)=$

(9) $6\times(33-7)=$

(10) $(25-20)\times(16+4)=$

(11) $48\div(56\div7)=$

(12) $(31-3)\div(8-4)=$

(13) $(5+6)\times11=$

↻ 次の筆算をしましょう。　1つ5点【10点】

スパイラルコーナー

(1)
$$17\overline{)338}$$

(2)
$$48\overline{)816}$$

# 44 計算のきまり①

目ひょう時間
⏱
20分

✎ 学習した日　　　月　　　日　　とく点

名前

1444
解説→185ページ

／100点

❶ 次の □ にあてはまる数を書きましょう。　　1つ4点【12点】

(1) $40-(82-52)=40-\boxed{\phantom{00}}=\boxed{\phantom{00}}$

(2) $24÷(2×3)=24÷\boxed{\phantom{00}}=\boxed{\phantom{00}}$

(3) $(15+3)÷(2×3)=\boxed{\phantom{00}}÷6=\boxed{\phantom{00}}$

❷ 次の計算をしましょう。　　1つ6点【78点】

(1) $92-(51+31)=$

(2) $26-(86-72)=$

(3) $47×(45-43)=$

(4) $(3+5)÷2=$

(5) $56÷(10-2)=$

(6) $36÷(2×3)=$

(7) $(27+33)×3=$

(8) $17-(64-58)=$

(9) $6×(33-7)=$

(10) $(25-20)×(16+4)=$

(11) $48÷(56÷7)=$

(12) $(31-3)÷(8-4)=$

(13) $(5+6)×11=$

🔄 次の筆算をしましょう。　　1つ5点【10点】

スパイラル
コーナー
(1)
$17\overline{)338}$

(2)
$48\overline{)816}$

**45** 計算のきまり ②

目ひょう時間 ⏱ **20**分

📝 学習した日　　　月　　　日

名前

とく点

／100点

1445
解説→185ページ

❶ 次の □ にあてはまる数を書きましょう。　1つ3点【6点】

(1) $28 - 2 \times 3 = 28 - \boxed{\phantom{00}} = \boxed{\phantom{00}}$

(2) $22 + 12 \div 3 = 22 + \boxed{\phantom{00}} = \boxed{\phantom{00}}$

❷ 次の計算をしましょう。　1つ6点【84点】

(1) $32 + 5 \times 7 =$

(2) $72 - 6 \times 9 =$

(3) $5 \times 2 + 14 =$

(4) $6 \times 5 \div 2 =$

(5) $5 \times 7 - 17 =$

(6) $64 \div 8 + 5 =$

(7) $32 \div 8 \times 6 =$

(8) $6 + 4 \times 8 =$

(9) $17 - 20 \div 4 =$

(10) $5 \times (24 + 7) =$

(11) $25 + 20 \times 4 =$

(12) $3 + 48 \div 6 =$

(13) $49 \div 7 - 2 =$

(14) $27 \div 3 + 6 =$

🔄 次の筆算をしましょう。　1つ5点【10点】

スパイラル
コーナー

(1)

$123\overline{)492}$

(2)

$218\overline{)716}$

# 45 計算のきまり ②

目ひょう時間
🕐 **20**分

学習した日 　　　月　　　日

名前

とく点

／100点

❶ 次の ☐ にあてはまる数を書きましょう。　　1つ3点【6点】

(1) $28-2\times3=28-$ ☐ $=$ ☐

(2) $22+12\div3=22+$ ☐ $=$ ☐

❷ 次の計算をしましょう。　　1つ6点【84点】

(1) $32+5\times7=$

(2) $72-6\times9=$

(3) $5\times2+14=$

(4) $6\times5\div2=$

(5) $5\times7-17=$

(6) $64\div8+5=$

(7) $32\div8\times6=$

(8) $6+4\times8=$

(9) $17-20\div4=$

(10) $5\times(24+7)=$

(11) $25+20\times4=$

(12) $3+48\div6=$

(13) $49\div7-2=$

(14) $27\div3+6=$

🔄 次の筆算をしましょう。　　1つ5点【10点】

スパイラル
コーナー

(1) $123\overline{)492}$

(2) $218\overline{)716}$

目ひょう時間 ⏱ 20分

📝学習した日　　　月　　　日　　とく点

名前

／100点

1446
解説→186ページ

**①** 次の計算をしましょう。　　　　　　　1つ7点【70点】

(1) $3 \times 2 + 4 \times 5 =$

(2) $8 \times 6 - 4 \times 9 =$

(3) $4 + 2 \times 8 - 6 =$

(4) $6 + 3 + 2 \times 5 =$

(5) $4 \times 9 + 24 \div 6 =$

(6) $8 - 2 + 2 \times 7 =$

(7) $72 \div 9 + 24 \div 4 =$

(8) $6 \times 7 - 63 \div 7 =$

(9) $10 - 45 \div 5 + 1 =$

(10) $8 + 4 + 21 \div 3 =$

**②** 次の □ にあてはまる数を書きましょう。　【20点】

(1) $104 \times 25 = (100 + \boxed{\phantom{00}}) \times 25$

$\quad = 100 \times 25 + \boxed{\phantom{00}} \times 25$

$\quad = \boxed{\phantom{00}}$　　　　（全部できて10点）

(2) $6 \times 99 = 6 \times (100 - \boxed{\phantom{00}})$

$\quad = 6 \times 100 - 6 \times \boxed{\phantom{00}}$

$\quad = \boxed{\phantom{00}}$　　　　（全部できて10点）

🔄 次の筆算をしましょう。　　　1つ5点【10点】

スパイラル
コーナー

(1)　$600 \overline{)4200}$　　　(2)　$600 \overline{)3200}$

**46 計算のきまり③**

目ひょう時間 ⏱ **20**分

🖉 学習した日　　月　　日

名前

とく点 ／100点

1446
解説→186ページ

❶ 次の計算をしましょう。　　　1つ7点【70点】

(1)　$3 \times 2 + 4 \times 5 =$

(2)　$8 \times 6 - 4 \times 9 =$

(3)　$4 + 2 \times 8 - 6 =$

(4)　$6 + 3 + 2 \times 5 =$

(5)　$4 \times 9 + 24 \div 6 =$

(6)　$8 - 2 + 2 \times 7 =$

(7)　$72 \div 9 + 24 \div 4 =$

(8)　$6 \times 7 - 63 \div 7 =$

(9)　$10 - 45 \div 5 + 1 =$

(10)　$8 + 4 + 21 \div 3 =$

❷ 次の ☐ にあてはまる数を書きましょう。　【20点】

(1)　$104 \times 25 = (100 + \boxed{\phantom{00}}) \times 25$

$= 100 \times 25 + \boxed{\phantom{00}} \times 25$

$= \boxed{\phantom{00}}$　　（全部できて10点）

(2)　$6 \times 99 = 6 \times (100 - \boxed{\phantom{00}})$

$= 6 \times 100 - 6 \times \boxed{\phantom{00}}$

$= \boxed{\phantom{00}}$　　（全部できて10点）

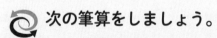 次の筆算をしましょう。　　1つ5点【10点】

スパイラルコーナー (1)

$600\,\overline{)\,4200}$

(2)

$600\,\overline{)\,3200}$

目ひょう時間
⏱ 20分

 学習した日　　　月　　　日　　とく点

名前

／100点

1447
解説→186ページ

❶ 次の □ にあてはまる数を書きましょう。　【20点】

(1) $78+94+6=78+(94+6)$

$=78+$ □

$=$ □

（全部できて10点）

(2) $25×91×4=(25×4)×91$

$=$ □ $×91$

$=$ □

（全部できて10点）

❷ 次の計算をしましょう。　1つ12点【48点】

(1) $6×15-9÷3=$

(2) $6×(15-9)÷3=$

(3) $(6×15-9)÷3=$

(4) $6×(15-9÷3)=$

❸ $6×9=54$ をもとにして、次の □ にあてはまる数を書きましょう。　【20点】

(1) $6×90=6×9×10$

$=$ □ $×10$

$=$ □

（全部できて10点）

(2) $60×90=6×10×9×10$

$=6×9×10×10$

$=54×$ □

$=$ □

（全部できて10点）

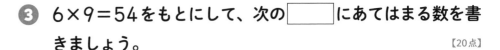 消しゴムのねだんは68円で、ノートのねだんは、消しゴムのねだんの2倍です。ノートのねだんはいくらですか。
【全部できて12点】

（式）

答え（　　　　　）

# 47 計算のきまり④

目ひょう時間
⏱ 20分

学習した日　　　月　　　日

名前

とく点

／100点
解説→186ページ

1447

❶ 次の▢にあてはまる数を書きましょう。　【20点】

(1)　78＋94＋6＝78＋（94＋6）

$$=78+\boxed{\phantom{000}}$$

$$=\boxed{\phantom{000}}$$

（全部できて10点）

(2)　25×91×4＝（25×4）×91

$$=\boxed{\phantom{000}}×91$$

$$=\boxed{\phantom{000}}$$

（全部できて10点）

❷ 次の計算をしましょう。　1つ12点【48点】

(1)　6×15－9÷3＝

(2)　6×（15－9）÷3＝

(3)　（6×15－9）÷3＝

(4)　6×（15－9÷3）＝

❸ 6×9＝54をもとにして、次の▢にあてはまる数を書きましょう。　【20点】

(1)　6×90＝6×9×10

$$=\boxed{\phantom{000}}×10$$

$$=\boxed{\phantom{000}}$$

（全部できて10点）

(2)　60×90＝6×10×9×10

$$=6×9×10×10$$

$$=54×\boxed{\phantom{000}}$$

$$=\boxed{\phantom{000}}$$

（全部できて10点）

 消しゴムのねだんは68円で、ノートのねだんは、消しゴムのねだんの2倍です。ノートのねだんはいくらですか。

【全部できて12点】

（式）

答え（　　　　　　　　）

目ひょう時間 ⏱ **20分**

✐学習した日　　月　　日　　とく点

名前

／100点

1448
解説→186ページ

**❶** 次の □ にあてはまる数を書きましょう。　　1つ4点【8点】

(1) 42は6の □ 倍です。

(2) □ は2の5倍です。

**❷** 次の数を四捨五入して、百の位までのがい数で表しましょう。　　1つ6点【12点】

(1) 7329　　　　　　　　(2) 3579

(　　　　　)　　　(　　　　　)

**❸** 次の計算の答えを、式の数を上から2けたのがい数にしてから求めましょう。　　1つ8点【16点】

(1) 6418＋2693

(　　　　　)

(2) 79021－47395

(　　　　　)

**❹** 次の計算の答えを、わられる数を上から2けたのがい数に、わる数を上から1けたのがい数にしてから求めましょう。
　　1つ8点【16点】

(1) 3490÷46

(　　　　　)

(2) 27586÷74

(　　　　　)

**❺** 次の計算をしましょう。　　1つ12点【48点】

(1) 36÷(10－4)＝

(2) 56－3×7＝

(3) 63÷9＋18÷3＝

(4) (13－5)×4＋6÷3＝

# 48 まとめのテスト❼

目ひょう時間 🕐 20分

📝学習した日　　　　月　　　　日

名前

とく点　／100点

1448
解説→186ページ

❶ 次の □ にあてはまる数を書きましょう。　　　1つ4点【8点】

(1)　42は6の □ 倍です。

(2)　□ は2の5倍です。

❷ 次の数を四捨五入して、百の位までのがい数で表しましょう。　　　1つ6点【12点】

(1)　7329

(2)　3579

（　　　　　　　　）　　　（　　　　　　　　）

❸ 次の計算の答えを、式の数を上から2けたのがい数にしてから求めましょう。　　　1つ8点【16点】

(1)　6418＋2693

（　　　　　　　　）

(2)　79021−47395

（　　　　　　　　）

❹ 次の計算の答えを、わられる数を上から2けたのがい数に、わる数を上から1けたのがい数にしてから求めましょう。　　　1つ8点【16点】

(1)　3490÷46

（　　　　　　　　）

(2)　27586÷74

（　　　　　　　　）

❺ 次の計算をしましょう。　　　1つ12点【48点】

(1)　36÷（10−4）＝

(2)　56−3×7＝

(3)　63÷9＋18÷3＝

(4)　（13−5）×4＋6÷3＝

# 49 パズル③

目ひょう時間
⏱
**20分**

📝 学習した日　　　　月　　　　日

名前

とく点

／100点

1449
解説→187ページ

---

❶ 次の □ に ＋、－、×、÷ のいずれかの記号を入れて、答えが 10 になる式をつくりましょう。

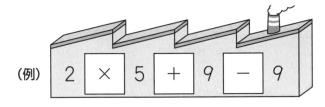

(例)　$2 \times 5 + 9 - 9 = 10$

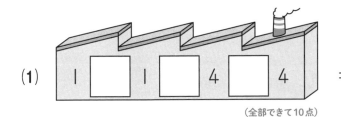

(1)　$1 \boxed{\phantom{x}} 1 \boxed{\phantom{x}} 4 \boxed{\phantom{x}} 4 = 10$

（全部できて10点）

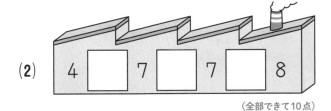

(2)　$4 \boxed{\phantom{x}} 7 \boxed{\phantom{x}} 7 \boxed{\phantom{x}} 8 = 10$

（全部できて10点）

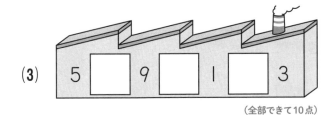

(3)　$5 \boxed{\phantom{x}} 9 \boxed{\phantom{x}} 1 \boxed{\phantom{x}} 3 = 10$

（全部できて10点）

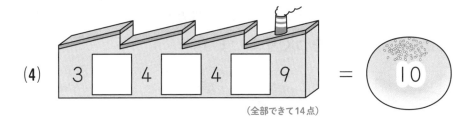

(4)　$3 \boxed{\phantom{x}} 4 \boxed{\phantom{x}} 4 \boxed{\phantom{x}} 9 = 10$

（全部できて14点）

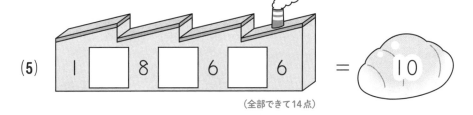

(5)　$1 \boxed{\phantom{x}} 8 \boxed{\phantom{x}} 6 \boxed{\phantom{x}} 6 = 10$

（全部できて14点）

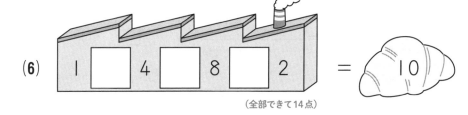

(6)　$1 \boxed{\phantom{x}} 4 \boxed{\phantom{x}} 8 \boxed{\phantom{x}} 2 = 10$

（全部できて14点）

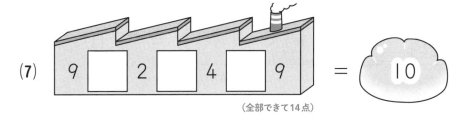

(7)　$9 \boxed{\phantom{x}} 2 \boxed{\phantom{x}} 4 \boxed{\phantom{x}} 9 = 10$

（全部できて14点）

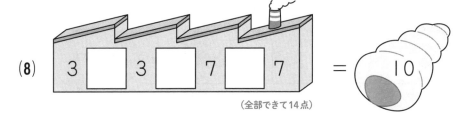

(8)　$3 \boxed{\phantom{x}} 3 \boxed{\phantom{x}} 7 \boxed{\phantom{x}} 7 = 10$

（全部できて14点）

# 49 パズル③

学習した日　　　月　　　日　　とく点

名前

／100点

1449
解説→187ページ

① 次の□に ＋、－、×、÷ のいずれかの記号を入れて、答えが10になる式をつくりましょう。

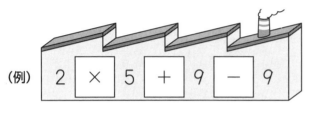 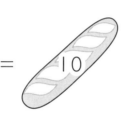

(例)　2 ×5 ＋9 －9 ＝ 10

(1)　1 □ 1 □ 4 □ 4 ＝ 10

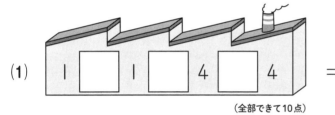 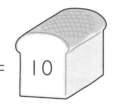

（全部できて10点）

(2)　4 □ 7 □ 7 □ 8 ＝ 10

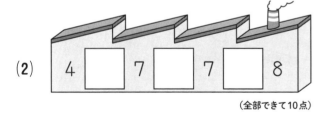 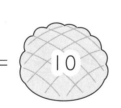

（全部できて10点）

(3)　5 □ 9 □ 1 □ 3 ＝ 10

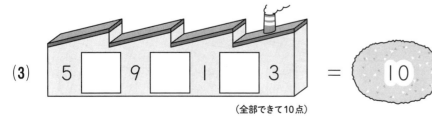

（全部できて10点）

(4)　3 □ 4 □ 4 □ 9 ＝ 10

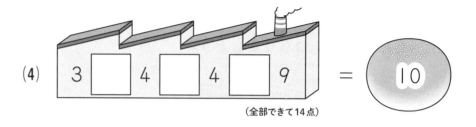

（全部できて14点）

(5)　1 □ 8 □ 6 □ 6 ＝ 10

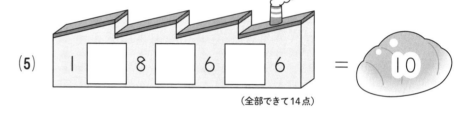

（全部できて14点）

(6)　1 □ 4 □ 8 □ 2 ＝ 10

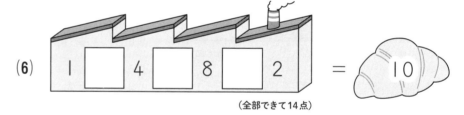

（全部できて14点）

(7)　9 □ 2 □ 4 □ 9 ＝ 10

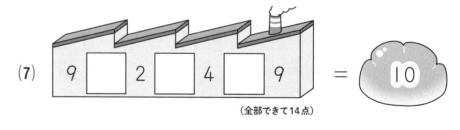

（全部できて14点）

(8)　3 □ 3 □ 7 □ 7 ＝ 10

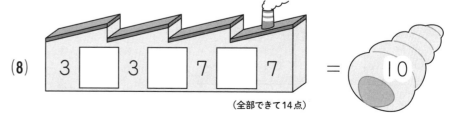

（全部できて14点）

目ひょう時間
⏱ **20分**

学習した日　　月　　日
名前
とく点
／100点

1450
解説→187ページ

❶ 次の〔　　〕にあてはまる数を書きましょう。　　1つ7点【14点】

(1) 1辺が10mの正方形の面積は〔　　　　　〕m²です。

また、1a（アール）ともいいます。

(2) 1辺が100mの正方形の面積は〔　　　　　〕m²です。

また、1ha（ヘクタール）ともいいます。

❷ 次の〔　　〕にあてはまる数を書きましょう。　　【28点】

(1) 400m×400m=〔　　　　　〕m²

= 〔　　　　　〕a

= 〔　　　　　〕ha　　（全部できて12点）

(2) 5km×8km=〔　　　　　〕km²

= 〔　　　　　〕m²

= 〔　　　　　〕a

= 〔　　　　　〕ha　　（全部できて16点）

❸ 次の〔　　〕にあてはまる数を書きましょう。　　1つ6点【42点】

(1) 3a=〔　　　　　〕m²

(2) 2ha=〔　　　　　〕m²

(3) 6000a=〔　　　　　〕ha

(4) 5km²=〔　　　　　〕m²

(5) 9km²=〔　　　　　〕ha

(6) 20000000m²=〔　　　　　〕km²

(7) 1200m²=〔　　　　　〕a

 **次の数を四捨五入して、千の位までのがい数で表しましょう。**　　1つ4点【16点】

スパイラルコーナー

(1) 3642　　　　　　(2) 7536

（　　　　　）　　（　　　　　）

(3) 57542　　　　　(4) 7554233

（　　　　　）　　（　　　　　）

# 50 面積の単位の計算

❶ 次の □ にあてはまる数を書きましょう。 1つ7点【14点】

(1) 1辺が10mの正方形の面積は □ m² です。

また、1a(アール)ともいいます。

(2) 1辺が100mの正方形の面積は □ m² です。

また、1ha(ヘクタール)ともいいます。

❷ 次の □ にあてはまる数を書きましょう。 【28点】

(1) 400m×400m= □ m²

　　　　　= □ a

　　　　　= □ ha （全部できて12点）

(2) 5km×8km= □ km²

　　　　　= □ m²

　　　　　= □ a

　　　　　= □ ha （全部できて16点）

❸ 次の □ にあてはまる数を書きましょう。 1つ6点【42点】

(1) 3a= □ m²

(2) 2ha= □ m²

(3) 6000a= □ ha

(4) 5km²= □ m²

(5) 9km²= □ ha

(6) 20000000m²= □ km²

(7) 1200m²= □ a

🔄 スパイラルコーナー 次の数を四捨五入して、千の位までのがい数で表しましょう。 1つ4点【16点】

(1) 3642　　　　(2) 7536

　（　　　　　）　（　　　　　）

(3) 57542　　　(4) 7554233

　（　　　　　）　（　　　　　）

❶ 次の □ にあてはまる数を書きましょう。　【全部できて10点】

0.3は0.1が3こです。0.3×4は、0.3の4倍なので、

3×4＝12より、0.1が □ こになります。

これより、0.3×4＝ □ となります。

❷ 次の計算をしましょう。　1つ3点【48点】

(1) 0.6×8＝　　　　　(2) 0.1×9＝

(3) 0.7×7＝　　　　　(4) 0.5×8＝

(5) 0.3×2＝　　　　　(6) 0.4×6＝

(7) 0.3×5＝　　　　　(8) 0.9×2＝

(9) 0.1×4＝　　　　　(10) 0.5×5＝

(11) 0.8×3＝　　　　　(12) 0.7×9＝

(13) 0.6×4＝　　　　　(14) 0.4×3＝

(15) 0.2×8＝　　　　　(16) 0.9×6＝

❸ 次の計算をしましょう。　1つ3点【36点】

(1) 0.02×4＝　　　　　(2) 0.04×8＝

(3) 0.07×10＝　　　　(4) 0.01×4＝

(5) 0.03×6＝　　　　　(6) 0.06×6＝

(7) 0.05×3＝　　　　　(8) 0.04×6＝

(9) 0.02×7＝　　　　　(10) 0.08×8＝

(11) 0.03×3＝　　　　　(12) 0.09×5＝

🔄 次の計算の答えを、式の数を千の位までのがい数にして
スパイラル
コーナー から求めましょう。　1つ3点【6点】

(1) 7205＋2779

（　　　　　）

(2) 19201＋23810

（　　　　　）

**51** 小数のかけ算①

目ひょう時間 🕐 **20**分

学習した日　　　月　　　日

名前

とく点　／100点

1451
解説→187ページ

❶ 次の□にあてはまる数を書きましょう。　【全部できて10点】

0.3は0.1が3こです。0.3×4は、0.3の4倍なので、

3×4＝12より、0.1が□こになります。

これより、0.3×4＝□となります。

❷ 次の計算をしましょう。　1つ3点【48点】

(1) 0.6×8＝　　　　(2) 0.1×9＝

(3) 0.7×7＝　　　　(4) 0.5×8＝

(5) 0.3×2＝　　　　(6) 0.4×6＝

(7) 0.3×5＝　　　　(8) 0.9×2＝

(9) 0.1×4＝　　　　(10) 0.5×5＝

(11) 0.8×3＝　　　　(12) 0.7×9＝

(13) 0.6×4＝　　　　(14) 0.4×3＝

(15) 0.2×8＝　　　　(16) 0.9×6＝

❸ 次の計算をしましょう。　1つ3点【36点】

(1) 0.02×4＝　　　　(2) 0.04×8＝

(3) 0.07×10＝　　　　(4) 0.01×4＝

(5) 0.03×6＝　　　　(6) 0.06×6＝

(7) 0.05×3＝　　　　(8) 0.04×6＝

(9) 0.02×7＝　　　　(10) 0.08×8＝

(11) 0.03×3＝　　　　(12) 0.09×5＝

 スパイラルコーナー 次の計算の答えを、式の数を千の位までのがい数にして から求めましょう。　1つ3点【6点】

(1) 7205＋2779

（　　　　　）

(2) 19201＋23810

（　　　　　）

# 52 小数のかけ算②

目ひょう時間
🕐 **20分**

学習した日　　　月　　　日

名前

とく点

／100点

1452
解説→188ページ

**①** 次の⑦から⑦にあてはまる数を書きましょう。【全部できて6点】

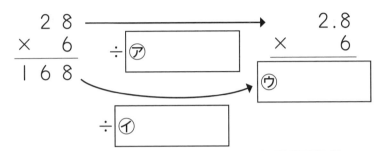

$$\begin{array}{r} 28 \\ \times\ 6 \\ \hline 168 \end{array}$$
÷⑦
→
$$\begin{array}{r} 2.8 \\ \times\ 6 \\ \hline \end{array}$$ ⑦

÷⑦

28×6＝168です。28を ⑦ でわると、

2.8になります。

168を ⑦ でわると、2.8×6の答えになる

ので、2.8×6＝ ⑦ となります。

**②** 次の筆算をしましょう。 1つ5点【30点】

(1) $$\begin{array}{r} 0.6 \\ \times\ 8 \\ \hline \end{array}$$

(2) $$\begin{array}{r} 0.7 \\ \times\ 9 \\ \hline \end{array}$$

(3) $$\begin{array}{r} 0.9 \\ \times\ 4 \\ \hline \end{array}$$

(4) $$\begin{array}{r} 0.2 \\ \times\ 3 \\ \hline \end{array}$$

(5) $$\begin{array}{r} 0.4 \\ \times\ 7 \\ \hline \end{array}$$

(6) $$\begin{array}{r} 0.5 \\ \times\ 1 \\ \hline \end{array}$$

**③** 次の筆算をしましょう。 1つ6点【54点】

(1) $$\begin{array}{r} 1.6 \\ \times\ 4 \\ \hline \end{array}$$

(2) $$\begin{array}{r} 2.7 \\ \times\ 5 \\ \hline \end{array}$$

(3) $$\begin{array}{r} 3.6 \\ \times\ 8 \\ \hline \end{array}$$

(4) $$\begin{array}{r} 6.6 \\ \times\ 6 \\ \hline \end{array}$$

(5) $$\begin{array}{r} 3.7 \\ \times\ 4 \\ \hline \end{array}$$

(6) $$\begin{array}{r} 5.9 \\ \times\ 4 \\ \hline \end{array}$$

(7) $$\begin{array}{r} 8.1 \\ \times\ 6 \\ \hline \end{array}$$

(8) $$\begin{array}{r} 6.5 \\ \times\ 9 \\ \hline \end{array}$$

(9) $$\begin{array}{r} 3.1 \\ \times\ 9 \\ \hline \end{array}$$

↻ 次の計算の答えを、式の数を上から1けたのがい数にしてから求めましょう。
スパイラルコーナー 1つ5点【10点】

(1) 782×38　　　(2) 248×353

（　　　　　）　（　　　　　）

# 52 小数のかけ算②

✎ 学習した日　　　月　　　日　　　とく点

名前

／100点

1452
解説→188ページ

❶ 次の㋐から㋒にあてはまる数を書きましょう。【全部できて6点】

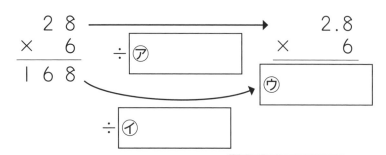

28×6＝168です。28を ㋐□ でわると、

2.8になります。

168を ㋑□ でわると、2.8×6の答えになる

ので、2.8×6＝ ㋒□ となります。

❷ 次の筆算をしましょう。　　　　　1つ5点【30点】

(1)　　0.6
　　×　8

(2)　　0.7
　　×　9

(3)　　0.9
　　×　4

(4)　　0.2
　　×　3

(5)　　0.4
　　×　7

(6)　　0.5
　　×　1

❸ 次の筆算をしましょう。　　　　　1つ6点【54点】

(1)　　1.6
　　×　4

(2)　　2.7
　　×　5

(3)　　3.6
　　×　8

(4)　　6.6
　　×　6

(5)　　3.7
　　×　4

(6)　　5.9
　　×　4

(7)　　8.1
　　×　6

(8)　　6.5
　　×　9

(9)　　3.1
　　×　9

🔄 スパイラルコーナー　次の計算の答えを、式の数を上から1けたのがい数にしてから求めましょう。　1つ5点【10点】

(1)　782×38　　　　(2)　248×353

（　　　　　）　　　（　　　　　）

目ひょう時間 ⏱ **20分**

📝 学習した日　　月　　日　　とく点　　名前　　／100点

1453
解説→188ページ

① 次の筆算をしましょう。

1つ4点【84点】

(1)
```
  3 3.1
×     3
```

(2)
```
  2 3.1
×     2
```

(3)
```
  1 7.3
×     4
```

(4)
```
  2 0.3
×     8
```

(5)
```
  7 1.1
×     5
```

(6)
```
  5 0.1
×     7
```

(7)
```
  7 5.9
×     7
```

(8)
```
  9 4.4
×     6
```

(9)
```
  3 7.2
×     9
```

(10)
```
  9 4.3
×     2
```

(11)
```
  9 0.3
×     5
```

(12)
```
  1 2.9
×     4
```

(13)
```
  4 9.9
×     3
```

(14)
```
  4 0.8
×     7
```

(15)
```
  1 7.7
×     8
```

(16)
```
  6 0.9
×     2
```

(17)
```
  5 2.3
×     4
```

(18)
```
  8 5.5
×     6
```

(19)
```
  2 9.1
×     9
```

(20)
```
  2 2.8
×     2
```

(21)
```
  5 7.2
×     7
```

🔄 次の計算をしましょう。

1つ8点【16点】

スパイラルコーナー (1) $88-(31+42)=$

(2) $(12+9)÷3=$

# 53 小数のかけ算③

目ひょう時間 ⏱ 20分

学習した日　　月　　日

名前

とく点 ／100点

1453
解説→188ページ

❶ 次の筆算をしましょう。

1つ4点【84点】

(1)
```
  3 3.1
×     3
```

(2)
```
  2 3.1
×     2
```

(3)
```
  1 7.3
×     4
```

(4)
```
  2 0.3
×     8
```

(5)
```
  7 1.1
×     5
```

(6)
```
  5 0.1
×     7
```

(7)
```
  7 5.9
×     7
```

(8)
```
  9 4.4
×     6
```

(9)
```
  3 7.2
×     9
```

(10)
```
  9 4.3
×     2
```

(11)
```
  9 0.3
×     5
```

(12)
```
  1 2.9
×     4
```

(13)
```
  4 9.9
×     3
```

(14)
```
  4 0.8
×     7
```

(15)
```
  1 7.7
×     8
```

(16)
```
  6 0.9
×     2
```

(17)
```
  5 2.3
×     4
```

(18)
```
  8 5.5
×     6
```

(19)
```
  2 9.1
×     9
```

(20)
```
  2 2.8
×     2
```

(21)
```
  5 7.2
×     7
```

🔄 次の計算をしましょう。

1つ8点【16点】

スパイラル
コーナー (1)　$88-(31+42)=$

(2)　$(12+9)÷3=$

## 54 小数のかけ算④

**①** 次の筆算をしましょう。　　　　　1つ6点【90点】

(1)
```
   2.3
×  1 1
```

(2)
```
   3.1
×  3 2
```

(3)
```
   7.3
×  2 3
```

(4)
```
   0.3
×  5 8
```

(5)
```
   1.9
×  4 5
```

(6)
```
   0.5
×  2 6
```

(7)
```
   5.9
×  6 1
```

(8)
```
   8.1
×  3 2
```

(9)
```
   7.2
×  3 9
```

(10)
```
   4.3
×  4 1
```

(11)
```
   0.7
×  3 5
```

(12)
```
   2.9
×  6 3
```

(13)
```
   9.9
×  5 3
```

(14)
```
   7.8
×  6 8
```

(15)
```
   7.2
×  4 2
```

**🔄** 次の計算をしましょう。　　　　(1)(2)3点、(3)4点【10点】

スパイラルコーナー

(1) $6 \times 2 + 12 =$

(2) $28 + 3 \times 2 =$

(3) $7 + 27 \div 9 =$

# 54 小数のかけ算④

目ひょう時間
⏱ **20**分

学習した日　　　月　　　日

名前

とく点

／100点

1454
解説→189ページ

❶ 次の筆算をしましょう。　　　　　1つ6点【90点】

(1)
```
  2.3
× 1 1
```

(2)
```
  3.1
× 3 2
```

(3)
```
  7.3
× 2 3
```

(4)
```
  0.3
× 5 8
```

(5)
```
  1.9
× 4 5
```

(6)
```
  0.5
× 2 6
```

(7)
```
  5.9
× 6 1
```

(8)
```
  8.1
× 3 2
```

(9)
```
  7.2
× 3 9
```

(10)
```
  4.3
× 4 1
```

(11)
```
  0.7
× 3 5
```

(12)
```
  2.9
× 6 3
```

(13)
```
  9.9
× 5 3
```

(14)
```
  7.8
× 6 8
```

(15)
```
  7.2
× 4 2
```

 次の計算をしましょう。　　　(1)(2)3点、(3)4点【10点】

スパイラル
コーナー (1) 6×2+12＝

(2) 28+3×2＝

(3) 7+27÷9＝

目ひょう時間  20分

学習した日　　　月　　　日　　名前

とく点 ／100点

 1455
解説→189ページ

**❶ 次の⑦から⑦にあてはまる数を書きましょう。** 【全部できて10点】

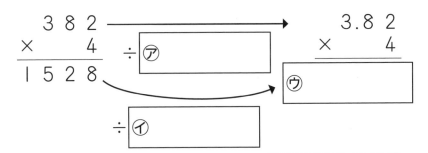

382×4＝1528です。382を⑦　　　　で

わると、3.82になります。

1528を⑦　　　　でわると、3.82×4の答えに

なるので、3.82×4＝⑦　　　　となります。

**❷ 次の筆算をしましょう。** 1つ5点【75点】

(1)
```
    8.3 1
  ×     2
```

(2)
```
    5.6 4
  ×     4
```

(3)
```
    8.1 8
  ×     3
```

(4)
```
    3.8 7
  ×     8
```

(5)
```
    2.9 8
  ×     5
```

(6)
```
    9.5 1
  ×     7
```

(7)
```
    3.1 6
  ×     4
```

(8)
```
    7.6 7
  ×     6
```

(9)
```
    1.4 7
  ×     8
```

(10)
```
    9.6 9
  ×     9
```

(11)
```
    7.3 5
  ×     5
```

(12)
```
    6.0 8
  ×     3
```

(13)
```
    2.4 3
  ×     4
```

(14)
```
    9.0 9
  ×     7
```

(15)
```
    1.8 4
  ×     6
```

**次の計算をしましょう。** 1つ5点【15点】

スパイラルコーナー (1) $5+3\times2-4=$

(2) $1+6+2\times8=$

(3) $4\times2+14\div2=$

# 55 小数のかけ算⑤

目ひょう時間
⏱
**20分**

学習した日　　　月　　　日

名前

とく点

／100点

1455
解説→189ページ

❶ 次の⑦から⑨にあてはまる数を書きましょう。　【全部できて10点】

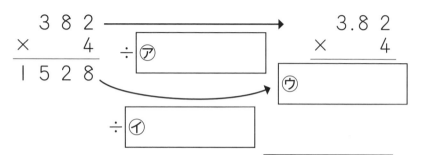

```
  3 8 2  ─────────→   3.8 2
×     4  ÷⑦□          ×     4
─────────              ────────
1 5 2 8  ─────→  ⑨□
         ÷⑦□
```

382×4＝1528です。382を ⑦□ で

わると、3.82になります。

1528を ⑦□ でわると、3.82×4の答えに

なるので、3.82×4＝ ⑨□ となります。

❷ 次の筆算をしましょう。　　　　　　1つ5点【75点】

(1)
```
  8.3 1
×     2
───────
```

(2)
```
  5.6 4
×     4
───────
```

(3)
```
  8.1 8
×     3
───────
```

(4)
```
  3.8 7
×     8
───────
```

(5)
```
  2.9 8
×     5
───────
```

(6)
```
  9.5 1
×     7
───────
```

(7)
```
  3.1 6
×     4
───────
```

(8)
```
  7.6 7
×     6
───────
```

(9)
```
  1.4 7
×     8
───────
```

(10)
```
  9.6 9
×     9
───────
```

(11)
```
  7.3 5
×     5
───────
```

(12)
```
  6.0 8
×     3
───────
```

(13)
```
  2.4 3
×     4
───────
```

(14)
```
  9.0 9
×     7
───────
```

(15)
```
  1.8 4
×     6
───────
```

🔄 次の計算をしましょう。　　　1つ5点【15点】

スパイラル
コーナー

(1) $5+3\times2-4=$

(2) $1+6+2\times8=$

(3) $4\times2+14\div2=$

**56** 小数のかけ算⑥

学習した日　　月　　日　　とく点　／100点

名前

1456
解説→190ページ

**1** 次の筆算をしましょう。

1つ6点【54点】

(1)
```
  0.3 9
×   2 1
```

(2)
```
  0.2 7
×   4 2
```

(3)
```
  0.6 2
×   3 4
```

(4)
```
  0.3 7
×   3 8
```

(5)
```
  0.9 2
×   2 9
```

(6)
```
  0.8 1
×   7 7
```

(7)
```
  0.6 1
×   2 5
```

(8)
```
  0.6 8
×   3 3
```

(9)
```
  0.3 5
×   4 9
```

**2** 次の筆算をしましょう。

1つ9点【36点】

(1)
```
  3.5 4
×   1 1
```

(2)
```
  9.8 3
×   3 2
```

(3)
```
  7.5 8
×   5 8
```

(4)
```
  5.2 5
×   4 5
```

 次の計算をしましょう。

1つ5点【10点】

スパイラルコーナー
(1) $2 \times (14-2) \div 3 =$

(2) $(7 \times 3 - 8) \div 13 =$

# 56 小数のかけ算⑥

目ひょう時間
🕐
**20**分

学習した日　　　月　　　日　　とく点

名前

／100点

1456
解説→190ページ

❶ 次の筆算をしましょう。　　　　　　　　　　　　　1つ6点【54点】

(1)
```
   0.3 9
 ×   2 1
```

(2)
```
   0.2 7
 ×   4 2
```

(3)
```
   0.6 2
 ×   3 4
```

(4)
```
   0.3 7
 ×   3 8
```

(5)
```
   0.9 2
 ×   2 9
```

(6)
```
   0.8 1
 ×   7 7
```

(7)
```
   0.6 1
 ×   2 5
```

(8)
```
   0.6 8
 ×   3 3
```

(9)
```
   0.3 5
 ×   4 9
```

❷ 次の筆算をしましょう。　　　　　　　　　　　　　1つ9点【36点】

(1)
```
   3.5 4
 ×   1 1
```

(2)
```
   9.8 3
 ×   3 2
```

(3)
```
   7.5 8
 ×   5 8
```

(4)
```
   5.2 5
 ×   4 5
```

🔄 次の計算をしましょう。　　　　　　　　　　　　　1つ5点【10点】

スパイラル
コーナー
(1) $2 \times (14 - 2) \div 3 =$

(2) $(7 \times 3 - 8) \div 13 =$

# 57 まとめのテスト❽

目ひょう時間
🕐 20分

✏学習した日　　月　　日

名前

とく点
／100点

1457
解説→190ページ

**❶ 次の▢にあてはまる数を書きましょう。**　1つ8点【24点】

(1) 11a =▢ m²

(2) 4ha =▢ m²

(3) 8000a =▢ ha

**❷ 次の計算をしましょう。**　1つ2点【16点】

(1) 0.2 × 9 =

(2) 0.6 × 7 =

(3) 0.1 × 7 =

(4) 0.9 × 4 =

(5) 0.04 × 8 =

(6) 0.02 × 9 =

(7) 0.05 × 6 =

(8) 0.07 × 6 =

**❸ 次の筆算をしましょう。**　1つ5点【60点】

(1)
```
    0.7
×     4
```

(2)
```
    3.4
×     7
```

(3)
```
    1.6
×     9
```

(4)
```
   30.2
×     9
```

(5)
```
   43.1
×     7
```

(6)
```
   65.3
×     4
```

(7)
```
    3.7
×    21
```

(8)
```
    8.6
×    54
```

(9)
```
    7.9
×    18
```

(10)
```
   3.62
×    41
```

(11)
```
   7.63
×    76
```

(12)
```
   4.52
×    57
```

# 57 まとめのテスト ❽

| ✏ 学習した日 | 月 | 日 | とく点 |
|---|---|---|---|
| 名前 | | | ／100点 |

1457
解説→190ページ

❶ 次の □ にあてはまる数を書きましょう。

1つ8点【24点】

(1) 11a= [　　　] m²

(2) 4ha= [　　　] m²

(3) 8000a= [　　　] ha

❷ 次の計算をしましょう。

1つ2点【16点】

(1) 0.2×9＝

(2) 0.6×7＝

(3) 0.1×7＝

(4) 0.9×4＝

(5) 0.04×8＝

(6) 0.02×9＝

(7) 0.05×6＝

(8) 0.07×6＝

❸ 次の筆算をしましょう。

1つ5点【60点】

(1)
```
   0.7
×    4
─────
```

(2)
```
   3.4
×    7
─────
```

(3)
```
   1.6
×    9
─────
```

(4)
```
  3 0.2
×     9
──────
```

(5)
```
  4 3.1
×     7
──────
```

(6)
```
  6 5.3
×     4
──────
```

(7)
```
   3.7
× 2 1
─────
```

(8)
```
   8.6
× 5 4
─────
```

(9)
```
   7.9
× 1 8
─────
```

(10)
```
  3.6 2
×   4 1
──────
```

(11)
```
  7.6 3
×   7 6
──────
```

(12)
```
  4.5 2
×   5 7
──────
```

1458
解説→191ページ

❶ 次の　　　にあてはまる数を書きましょう。　【全部できて9点】

0.8は0.1が　　　　こです。0.8÷4は、8÷4＝2

だから0.1が　　　　こになります。

これより、0.8÷4＝　　　　となります。

❷ 次の計算をしましょう。　　　　　　　　　1つ4点【64点】

(1)　4.8÷8＝　　　　　　　(2)　0.8÷8＝

(3)　2.1÷7＝　　　　　　　(4)　3.6÷9＝

(5)　4.2÷6＝　　　　　　　(6)　1.6÷2＝

(7)　1.8÷6＝　　　　　　　(8)　4.5÷5＝

(9)　0.7÷1＝　　　　　　　(10)　2.8÷7＝

(11)　0.6÷2＝　　　　　　　(12)　1.2÷3＝

(13)　2.5÷5＝　　　　　　　(14)　4.8÷6＝

(15)　1.4÷2＝　　　　　　　(16)　0.9÷3＝

❸ 次の計算をしましょう。また、　　　にあてはまる数を書いて、けん算の式をつくり、答えのたしかめをしましょう。【18点】

(1)　3.6÷6　　　　　　　　　　　　　（全部できて6点）
（計算）　3.6÷6＝

（けん算）　6×　　　　＝

(2)　2.4÷8　　　　　　　　　　　　　（全部できて6点）
（計算）　2.4÷8＝

（けん算）　8×　　　　＝

(3)　1.2÷6　　　　　　　　　　　　　（全部できて6点）
（計算）　1.2÷6＝

（けん算）　6×　　　　＝

 次の　　　にあてはまる数を書きましょう。　【全部できて9点】

スパイラル
コーナー
200m×600m＝　　　　　　m²

＝　　　　　　a

＝　　　　　　ha

117

# 58 小数のわり算①

学習した日　　　月　　　日

名前

とく点

／100点

1458
解説→191ページ

---

❶ 次の □ にあてはまる数を書きましょう。　【全部できて9点】

0.8は0.1が □ こです。0.8÷4は、8÷4＝2

だから0.1が □ こになります。

これより、0.8÷4＝ □ となります。

❷ 次の計算をしましょう。　　1つ4点【64点】

(1)　4.8÷8＝

(2)　0.8÷8＝

(3)　2.1÷7＝

(4)　3.6÷9＝

(5)　4.2÷6＝

(6)　1.6÷2＝

(7)　1.8÷6＝

(8)　4.5÷5＝

(9)　0.7÷1＝

(10)　2.8÷7＝

(11)　0.6÷2＝

(12)　1.2÷3＝

(13)　2.5÷5＝

(14)　4.8÷6＝

(15)　1.4÷2＝

(16)　0.9÷3＝

---

❸ 次の計算をしましょう。また、□ にあてはまる数を書いて、けん算の式をつくり、答えのたしかめをしましょう。【18点】

(1)　3.6÷6　　　　　　　　　　（全部できて6点）
（計算）　　3.6÷6＝ □

（けん算）　6× □ ＝ □

(2)　2.4÷8　　　　　　　　　　（全部できて6点）
（計算）　　2.4÷8＝ □

（けん算）　8× □ ＝ □

(3)　1.2÷6　　　　　　　　　　（全部できて6点）
（計算）　　1.2÷6＝ □

（けん算）　6× □ ＝ □

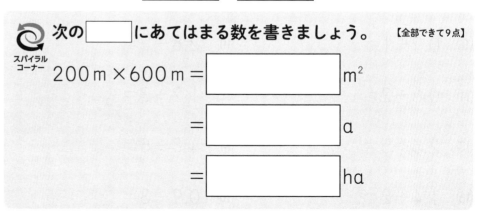

次の □ にあてはまる数を書きましょう。　【全部できて9点】

スパイラル
コーナー

200m×600m＝ □ m²

＝ □ a

＝ □ ha

**59** 小数のわり算②

目ひょう時間
⏱
**20分**

 学習した日　　月　　日

名前

とく点

／100点

1459
解説→191ページ

---

❶ **次の筆算をしましょう。**　　　　1つ6点【90点】

(1)
$$3\overline{)6.9}$$

(2)
$$5\overline{)5.5}$$

(3)
$$2\overline{)8.6}$$

(4)
$$6\overline{)7.8}$$

(5)
$$3\overline{)8.4}$$

(6)
$$7\overline{)8.4}$$

(7)
$$5\overline{)7.5}$$

(8)
$$8\overline{)9.6}$$

(9)
$$2\overline{)7.4}$$

(10)
$$3\overline{)9.6}$$

(11)
$$5\overline{)6.5}$$

(12)
$$2\overline{)9.8}$$

(13)
$$4\overline{)7.2}$$

(14)
$$3\overline{)5.4}$$

(15)
$$9\overline{)9.9}$$

---

🔁 **次の計算をしましょう。**　　　　1つ2点【10点】

スパイラル
コーナー

(1) $0.9 \times 8 =$

(2) $0.1 \times 7 =$

(3) $0.6 \times 5 =$

(4) $0.3 \times 9 =$

(5) $0.5 \times 8 =$

# 59 小数のわり算②

目ひょう時間 ⏱ 20分

学習した日　　　月　　　日

名前

とく点

／100点

らくらくマルつけ

1459
解説→191ページ

❶ 次の筆算をしましょう。

1つ6点【90点】

(1)

3⟌6.9

(2)

5⟌5.5

(3)

2⟌8.6

(4)

6⟌7.8

(5)

3⟌8.4

(6)

7⟌8.4

(7)

5⟌7.5

(8)

8⟌9.6

(9)

2⟌7.4

(10)

3⟌9.6

(11)

5⟌6.5

(12)

2⟌9.8

(13)

4⟌7.2

(14)

3⟌5.4

(15)

9⟌9.9

🔄 次の計算をしましょう。

1つ2点【10点】

スパイラルコーナー

(1) $0.9 \times 8 =$

(2) $0.1 \times 7 =$

(3) $0.6 \times 5 =$

(4) $0.3 \times 9 =$

(5) $0.5 \times 8 =$

目ひょう時間 ⏱ **20分**

学習した日　　　月　　　日

名前

とく点　／100点

1460　解説→192ページ

**❶ 次の筆算をしましょう。**

1つ6点【90点】

(1)
$$7\overline{)2.8}$$

(2)
$$5\overline{)3.5}$$

(3)
$$4\overline{)3.2}$$

(4)
$$6\overline{)1.2}$$

(5)
$$3\overline{)2.4}$$

(6)
$$7\overline{)4.9}$$

(7)
$$5\overline{)0.5}$$

(8)
$$9\overline{)3.6}$$

(9)
$$2\overline{)0.8}$$

(10)
$$4\overline{)6.4}$$

(11)
$$8\overline{)6.4}$$

(12)
$$3\overline{)6.3}$$

(13)
$$9\overline{)6.3}$$

(14)
$$2\overline{)3.6}$$

(15)
$$6\overline{)3.6}$$

🔁 **次の筆算をしましょう。**

(1)(2)3点、(3)4点【10点】

スパイラルコーナー

(1)
$$\begin{array}{r} 3.4 \\ \times\quad 4 \\ \hline \end{array}$$

(2)
$$\begin{array}{r} 5.7 \\ \times\quad 5 \\ \hline \end{array}$$

(3)
$$\begin{array}{r} 5.8 \\ \times\quad 8 \\ \hline \end{array}$$

# 60 小数のわり算③

目ひょう時間 20分

学習した日　　月　　日　　とく点

名前

／100点

1460
解説→192ページ

**❶** 次の筆算をしましょう。

1つ6点【90点】

(1)
$$7 \overline{)2.8}$$

(2)
$$5 \overline{)3.5}$$

(3)
$$4 \overline{)3.2}$$

(4)
$$6 \overline{)1.2}$$

(5)
$$3 \overline{)2.4}$$

(6)
$$7 \overline{)4.9}$$

(7)
$$5 \overline{)0.5}$$

(8)
$$9 \overline{)3.6}$$

(9)
$$2 \overline{)0.8}$$

(10)
$$4 \overline{)6.4}$$

(11)
$$8 \overline{)6.4}$$

(12)
$$3 \overline{)6.3}$$

(13)
$$9 \overline{)6.3}$$

(14)
$$2 \overline{)3.6}$$

(15)
$$6 \overline{)3.6}$$

次の筆算をしましょう。

(1)(2)3点、(3)4点【10点】

スパイラル
コーナー

(1)
$$\begin{array}{r} 3.4 \\ \times \quad 4 \\ \hline \end{array}$$

(2)
$$\begin{array}{r} 5.7 \\ \times \quad 5 \\ \hline \end{array}$$

(3)
$$\begin{array}{r} 5.8 \\ \times \quad 8 \\ \hline \end{array}$$

目ひょう時間 ⏱ **20分**

✐ 学習した日　　　月　　　日

名前

とく点　／100点

1461
解説→192ページ

**1** 次の筆算をしましょう。　　　　　　　1つ6点【54点】

(1)　3)16.8

(2)　4)15.2

(3)　6)18.6

(4)　2)17.8

(5)　6)13.2

(6)　9)12.6

(7)　5)25.5

(8)　6)28.2

(9)　9)30.6

**2** 次の筆算をしましょう。　　　　　　　1つ6点【36点】

(1)　12)32.4

(2)　34)88.4

(3)　18)82.8

(4)　52)98.8

(5)　17)39.1

(6)　11)12.1

🔄 次の筆算をしましょう。　　　(1)(2)3点、(3)4点【10点】

スパイラル
コーナー

(1)　8.6
　　× 7

(2)　2.7
　　× 9

(3)　3.5
　　× 8

# 61 小数のわり算④

目ひょう時間 ⏱ 20分

✎ 学習した日　　月　　日

名前

とく点　　／100点

1461
解説→192ページ

❶ 次の筆算をしましょう。

1つ6点【54点】

(1)

3)16.8

(2)

4)15.2

(3)

6)18.6

(4)

2)17.8

(5)

6)13.2

(6)

9)12.6

(7)

5)25.5

(8)

6)28.2

(9)

9)30.6

❷ 次の筆算をしましょう。

1つ6点【36点】

(1)

12)32.4

(2)

34)88.4

(3)

18)82.8

(4)

52)98.8

(5)

17)39.1

(6)

11)12.1

🔄 次の筆算をしましょう。

(1)(2)3点、(3)4点【10点】

スパイラルコーナー

(1)
　8.6
× 　7

(2)
　2.7
× 　9

(3)
　3.5
× 　8

目ひょう時間 ⏱ **20分**

📝 学習した日　　　月　　　日　　とく点

名前

／100点

1462
解説→193ページ

---

**①** 次の筆算をしましょう。　　　1つ8点【48点】

**(1)**
$$3 \overline{)7.56}$$

**(2)**
$$4 \overline{)5.56}$$

**(3)**
$$6 \overline{)7.56}$$

**(4)**
$$2 \overline{)0.72}$$

**(5)**
$$6 \overline{)0.12}$$

**(6)**
$$8 \overline{)1.92}$$

**②** 次の筆算をしましょう。　　　1つ7点【42点】

**(1)**
$$24 \overline{)8.16}$$

**(2)**
$$12 \overline{)1.56}$$

**(3)**
$$19 \overline{)4.94}$$

**(4)**
$$72 \overline{)8.64}$$

**(5)**
$$66 \overline{)7.26}$$

**(6)**
$$15 \overline{)6.45}$$

🔄 次の筆算をしましょう。　　　(1)(2)3点、(3)4点【10点】

スパイラル
コーナー
**(1)**
$$\begin{array}{r} 26.9 \\ \times \quad 6 \\ \hline \end{array}$$

**(2)**
$$\begin{array}{r} 54.2 \\ \times \quad 8 \\ \hline \end{array}$$

**(3)**
$$\begin{array}{r} 77.5 \\ \times \quad 9 \\ \hline \end{array}$$

# 62 小数のわり算⑤

目ひょう時間
⏱ 20分

学習した日　　月　　日
名前
とく点
／100点
1462
解説→193ページ

---

**❶ 次の筆算をしましょう。**　　　　　1つ8点【48点】

(1)

$3 \overline{)7.56}$

(2)

$4 \overline{)5.56}$

(3)

$6 \overline{)7.56}$

(4)

$2 \overline{)0.72}$

(5)

$6 \overline{)0.12}$

(6)

$8 \overline{)1.92}$

---

**❷ 次の筆算をしましょう。**　　　　　1つ7点【42点】

(1)

$24 \overline{)8.16}$

(2)

$12 \overline{)1.56}$

(3)

$19 \overline{)4.94}$

(4)

$72 \overline{)8.64}$

(5)

$66 \overline{)7.26}$

(6)

$15 \overline{)6.45}$

---

↻ **次の筆算をしましょう。**　　　(1)(2)3点、(3)4点【10点】

スパイラル
コーナー

(1)
$$\begin{array}{r} 26.9 \\ \times \phantom{0}6 \\ \hline \end{array}$$

(2)
$$\begin{array}{r} 54.2 \\ \times \phantom{0}8 \\ \hline \end{array}$$

(3)
$$\begin{array}{r} 77.5 \\ \times \phantom{0}9 \\ \hline \end{array}$$

① 次の筆算をわり切れるまでしましょう。　(1)〜(5)8点、(6)〜(9)9点【76点】

(1)
6 ) 4 5

(2)
3 2 ) 8

(3)
5 ) 7

(4)
2 ) 3.7

(5)
2 8 ) 0.7

(6)
1 6 ) 2

(7)
8 ) 3

(8)
4 ) 1 1

(9)
2 5 ) 3

 次の筆算をしましょう。　　　　　1つ4点【24点】

スパイラル
コーナー
(1)
　　1 3.8
× 　　4

(2)
　　7 4.7
× 　　7

(3)
　　6 7.8
× 　　6

(4)
　　2 4.7
× 　　5

(5)
　　3 0.5
× 　　9

(6)
　　4 7.9
× 　　7

# 63 小数のわり算⑥

目ひょう時間
⏱ **20**分

学習した日　　　月　　　日

名前

とく点

／100点

1463
解説→193ページ

❶ **次の筆算をわり切れるまでしましょう。**　(1)〜(5)8点、(6)〜(9)9点【76点】

(1)
6)4 5

(2)
3 2)8

(3)
5)7

(7)
8)3

(8)
4)1 1

(9)
2 5)3

(4)
2)3.7

(5)
2 8)0.7

(6)
1 6)2

---

 **次の筆算をしましょう。**　1つ4点【24点】

スパイラル
コーナー
(1)
　1 3.8
×　　4

(2)
　7 4.7
×　　7

(3)
　6 7.8
×　　6

(4)
　2 4.7
×　　5

(5)
　3 0.5
×　　9

(6)
　4 7.9
×　　7

**64** 小数のわり算⑦

目ひょう時間 ⏱ 20分

学習した日　　月　　日

名前

とく点 ／100点

1464
解説→193ページ

❶ 次の筆算をしましょう。商は一の位まで求め、あまりも出しましょう。

1つ7点【63点】

(1)
$3\overline{)56.7}$

(2)
$6\overline{)46.3}$

(3)
$7\overline{)98.6}$

(4)
$8\overline{)37.8}$

(5)
$4\overline{)43.5}$

(6)
$9\overline{)19.6}$

(7)
$6\overline{)98.5}$

(8)
$7\overline{)79.2}$

(9)
$2\overline{)55.6}$

❷ 73.4÷6の計算を筆算でします。商を一の位まで求め、あまりも出しましょう。また、けん算の式をつくり、答えのたしかめをしましょう。

【全部できて22点】

(筆算)

$6\overline{)73.4}$

(けん算)　（　　　　　　　　　　　　　　）

🔄 次の筆算をしましょう。

1つ5点【15点】

スパイラルコーナー

(1)
　5.6
× 7 7

(2)
　0.2
× 2 6

(3)
　4.3
× 8 2

# 64 小数のわり算⑦

目ひょう時間
🕐
20分

学習した日　　　月　　　日　｜　とく点

名前

／100点

1464
解説→193ページ

❶ 次の筆算をしましょう。商は一の位まで求め、あまりも出しましょう。

1つ7点【63点】

(1)
$3)\overline{56.7}$

(2)
$6)\overline{46.3}$

(3)
$7)\overline{98.6}$

(4)
$8)\overline{37.8}$

(5)
$4)\overline{43.5}$

(6)
$9)\overline{19.6}$

(7)
$6)\overline{98.5}$

(8)
$7)\overline{79.2}$

(9)
$2)\overline{55.6}$

❷ 73.4÷6の計算を筆算でします。商を一の位まで求め、あまりも出しましょう。また、けん算の式をつくり、答えのたしかめをしましょう。

【全部できて22点】

(筆算)

$6)\overline{73.4}$

(けん算)　（　　　　　　　　　　　　　　）

 次の筆算をしましょう。

1つ5点【15点】

スパイラル
コーナー

(1)　　　5.6
　　　×77
　　─────

(2)　　　0.2
　　　×26
　　─────

(3)　　　4.3
　　　×82
　　─────

目ひょう時間  20分

学習した日　　　月　　　日

名前

とく点　／100点

1465
解説→194ページ

❶ 次の筆算をしましょう。商は小数第一位まで求め、あまりも出しましょう。

1つ7点【63点】

(1)
5) 4.7

(2)
6) 5.1

(3)
2) 1.1

(4)
6) 4 2.7

(5)
7) 5 3.1

(6)
9) 6 6.2

(7)
2 3) 6.2

(8)
2 9) 3 4.9

(9)
1 8) 3.5 2

❷ 65.2÷7の計算を筆算でします。商を小数第一位まで求め、あまりも出しましょう。また、けん算の式をつくり、答えのたしかめをしましょう。

【全部できて22点】

(筆算)

7) 6 5.2

(けん算)　（　　　　　　　　　　　　　　　　）

 次の筆算をしましょう。

1つ5点【15点】

スパイラル
コーナー

(1)
　3.5
× 2 8

(2)
　0.8
× 3 7

(3)
　7.1
× 9 5

# 65 小数のわり算⑧

目ひょう時間
⏱ 20分

学習した日　　　月　　　日

名前

とく点
／100点

1465
解説→194ページ

❶ 次の筆算をしましょう。商は小数第一位まで求め、あまりも出しましょう。

1つ7点【63点】

(1)
$5\overline{)4.7}$

(2)
$6\overline{)5.1}$

(3)
$2\overline{)1.1}$

(4)
$6\overline{)42.7}$

(5)
$7\overline{)53.1}$

(6)
$9\overline{)66.2}$

(7)
$23\overline{)6.2}$

(8)
$29\overline{)34.9}$

(9)
$18\overline{)3.52}$

❷ 65.2÷7の計算を筆算でします。商を小数第一位まで求め、あまりも出しましょう。また、けん算の式をつくり、答えのたしかめをしましょう。

【全部できて22点】

(筆算)

$7\overline{)65.2}$

(けん算)　（　　　　　　　　　　　　　　）

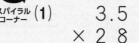
次の筆算をしましょう。

1つ5点【15点】

スパイラルコーナー

(1)
$\begin{array}{r} 3.5 \\ \times\ 28 \\ \hline \end{array}$

(2)
$\begin{array}{r} 0.8 \\ \times\ 37 \\ \hline \end{array}$

(3)
$\begin{array}{r} 7.1 \\ \times\ 95 \\ \hline \end{array}$

目ひょう時間
⏱ 20分

✎ 学習した日　　月　　日

名前

とく点

／100点

1466
解説→194ページ

❶ 次の筆算をしましょう。商は四捨五入して、上から2けたのがい数で求めましょう。

1つ10点【70点】

(1)

8 ) 9.2 5

(2)

1 6 ) 4 2.1

(3)

6 ) 3 2.9 2

(4)

7 ) 4.4

(5)

5 8 ) 3 3.8

(6)

1 3 ) 0.5

(7)

6 ) 2.2 9

🔄 次の筆算をしましょう。

1つ5点【30点】

スパイラルコーナー

(1)
```
   5.8 3
×      6
```

(2)
```
   5.0 7
×      9
```

(3)
```
   2.7 8
×      8
```

(4)
```
   4.2 6
×      7
```

(5)
```
   3.8 7
×      4
```

(6)
```
   7.2 4
×      8
```

# 66 小数のわり算⑨

| ✎ 学習した日 | 月 | 日 | とく点 |
| --- | --- | --- | --- |
| 名前 | | | /100点 |

1466
解説→194ページ

❶ 次の筆算をしましょう。商は四捨五入して、上から2けたのがい数で求めましょう。

1つ10点【70点】

(1)

8 ) 9.2 5

(2)

1 6 ) 4 2.1

(3)

6 ) 3 2.9 2

(4)

7 ) 4.4

(5)

5 8 ) 3 3.8

(6)

1 3 ) 0.5

(7)

6 ) 2.2 9

次の筆算をしましょう。

1つ5点【30点】

スパイラルコーナー

(1)
　5.8 3
× 　　6

(2)
　5.0 7
× 　　9

(3)
　2.7 8
× 　　8

(4)
　4.2 6
× 　　7

(5)
　3.8 7
× 　　4

(6)
　7.2 4
× 　　8

# まとめのテスト❾

✎ 学習した日　　　月　　　日　　とく点
名前
／100点

1467
解説→194ページ

❶ 次の計算をしましょう。　　　　　　　　　1つ4点【16点】

(1) $5.6 \div 7 =$

(2) $1.8 \div 3 =$

(3) $4.5 \div 5 =$

(4) $2.8 \div 4 =$

❷ 次の筆算をしましょう。　　　　　　　　　1つ5点【60点】

(1)
$$3 \overline{)8.7}$$

(2)
$$4 \overline{)9.6}$$

(3)
$$5 \overline{)7.5}$$

(4)
$$6 \overline{)4.8}$$

(5)
$$9 \overline{)6.3}$$

(6)
$$8 \overline{)1.6}$$

(7)
$$7 \overline{)54.6}$$

(8)
$$4 \overline{)34.8}$$

(9)
$$14 \overline{)18.2}$$

(10)
$$3 \overline{)46.8}$$

(11)
$$6 \overline{)8.52}$$

(12)
$$35 \overline{)7.35}$$

❸ 次の筆算をわり切れるまでしましょう。　　1つ8点【24点】

(1)
$$2 \overline{)5}$$

(2)
$$8 \overline{)2}$$

(3)
$$5 \overline{)0.8}$$

# 67 まとめのテスト❾

目ひょう時間
⏱ 20分

／100点
1467
解説→194ページ

✐ 学習した日　　　月　　　日

名前

とく点

❶ 次の計算をしましょう。

1つ4点【16点】

(1) $5.6 \div 7 =$

(2) $1.8 \div 3 =$

(3) $4.5 \div 5 =$

(4) $2.8 \div 4 =$

❷ 次の筆算をしましょう。

1つ5点【60点】

(1) 3 ) 8.7

(2) 4 ) 9.6

(3) 5 ) 7.5

(4) 6 ) 4.8

(5) 9 ) 6.3

(6) 8 ) 1.6

(7) 7 ) 5 4.6

(8) 4 ) 3 4.8

(9) 1 4 ) 1 8.2

(10) 3 ) 4 6.8

(11) 6 ) 8.5 2

(12) 3 5 ) 7.3 5

❸ 次の筆算をわり切れるまでしましょう。

1つ8点【24点】

(1) 2 ) 5

(2) 8 ) 2

(3) 5 ) 0.8

❶ 次の筆算をしましょう。商は一の位まで求め、あまりも出しましょう。

1つ6点【36点】

(1)
$4 \overline{)78.4}$

(2)
$5 \overline{)41.6}$

(3)
$7 \overline{)81.6}$

(4)
$9 \overline{)38.9}$

(5)
$6 \overline{)64.5}$

(6)
$8 \overline{)28.5}$

❷ 次の筆算をしましょう。商は小数第一位まで求め、あまりも出しましょう。

1つ7点【42点】

(1)
$6 \overline{)3.9}$

(2)
$8 \overline{)7.1}$

(3)
$4 \overline{)3.1}$

(4)
$6 \overline{)52.9}$

(5)
$8 \overline{)28.1}$

(6)
$42 \overline{)48.8}$

❸ 次の筆算をしましょう。商は四捨五入して、上から2けたのがい数で求めましょう。

1つ11点【22点】

(1)
$8 \overline{)78.3}$

(2)
$7 \overline{)5.3}$

# 68 まとめのテスト ❿

目ひょう時間
⏱ 20分

✐ 学習した日　　　月　　　日

名前

とく点

／100点

1468
解説→195ページ

らくらく
マルつけ

❶ 次の筆算をしましょう。商は一の位まで求め、あまりも出しましょう。

1つ6点【36点】

(1)

4 ) 7 8.4

(2)

5 ) 4 1.6

(3)

7 ) 8 1.6

(4)

9 ) 3 8.9

(5)

6 ) 6 4.5

(6)

8 ) 2 8.5

❷ 次の筆算をしましょう。商は小数第一位まで求め、あまりも出しましょう。

1つ7点【42点】

(1)

6 ) 3.9

(2)

8 ) 7.1

(3)

4 ) 3.1

(4)

6 ) 5 2.9

(5)

8 ) 2 8.1

(6)

4 2 ) 4 8.8

❸ 次の筆算をしましょう。商は四捨五入して、上から2けたのがい数で求めましょう。

1つ11点【22点】

(1)

8 ) 7 8.3

(2)

7 ) 5.3

# 69 パズル④

目ひょう時間
20分

学習した日　　月　　日

名前

とく点
／100点

1469
解説→195ページ

❶ 上から下に向かって進みます。横への道がある場合は必ず折れ曲がり、→に書かれているとおりの計算をしましょう。いちばん下にある □ にあてはまる数をそれぞれ求めましょう。

(1) 1つ5点【20点】

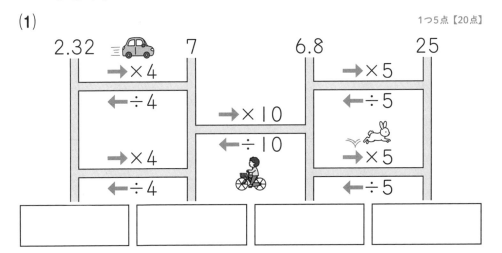

(2) 1つ6点【24点】

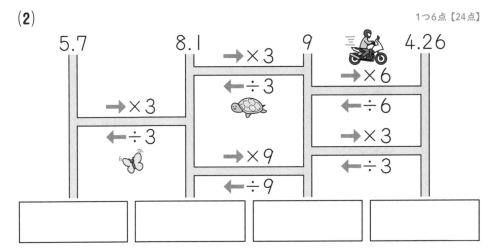

(3) 1つ6点【24点】

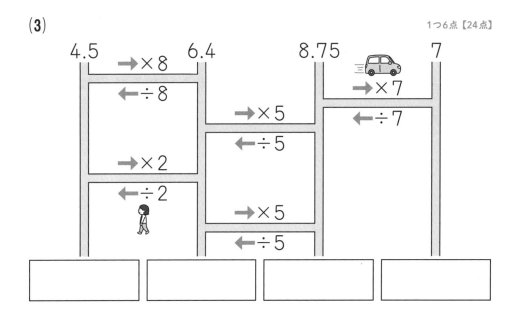

(4) 1つ8点【32点】

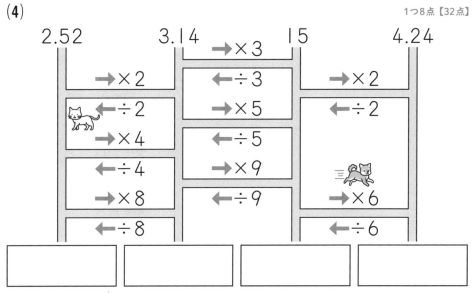

# 69 パズル④

| 学習した日 | 月 | 日 | とく点 |
|---|---|---|---|
| 名前 | | | ／100点 |

1469
解説→195ページ

❶ 上から下に向かって進みます。横への道がある場合は必ず折れ曲がり、→に書かれているとおりの計算をしましょう。いちばん下にある □ にあてはまる数をそれぞれ求めましょう。

(1) 1つ5点【20点】

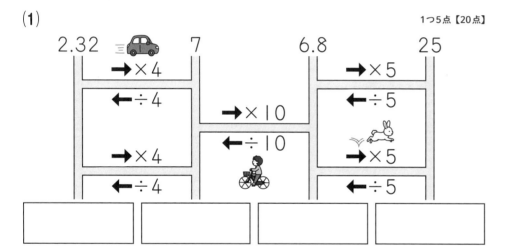

(2) 1つ6点【24点】

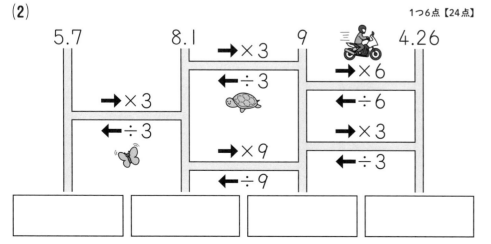

(3) 1つ6点【24点】

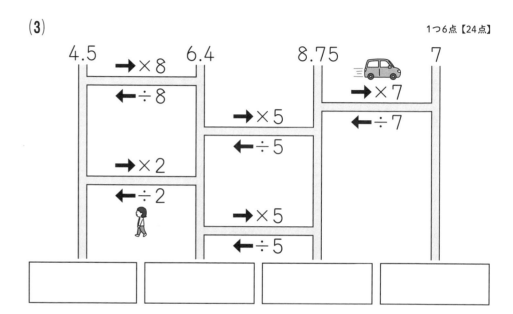

(4) 1つ8点【32点】

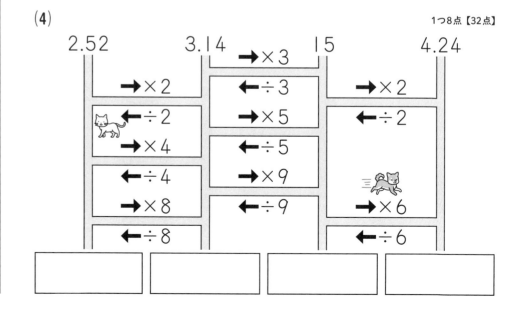

目ひょう時間
⏱ 20分

✎学習した日　　月　　日

名前

とく点

／100点

1470
解説→195ページ

❶ 白いテープと黒いテープがあります。白いテープの長さが20cm、黒いテープの長さが30cmのとき、黒いテープの長さは白いテープの長さの何倍か考えます。次の□にあてはまる数を書きましょう。 【全部できて25点】

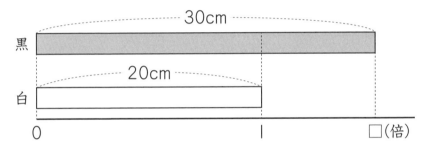

白いテープの長さを1とすると、黒いテープの長さは

（くらべられる量）÷（もとにする量）

$$=30÷\boxed{\phantom{00}}=\boxed{\phantom{000}}$$

より、黒いテープの長さは白いテープの長さの

$\boxed{\phantom{000}}$ 倍です。

❷ 青い折り紙が25まい、赤い折り紙が40まいあります。赤い折り紙のまい数は、青い折り紙のまい数の何倍ですか。 【全部できて30点】

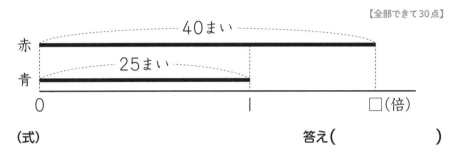

（式）　　　　　　　　　　　答え（　　　　　　）

❸ 白いペンキと青いペンキがあります。白いペンキの量が400mL、青いペンキの量が920mLのとき、青いペンキの量は白いペンキの量の何倍ですか。 【全部できて30点】

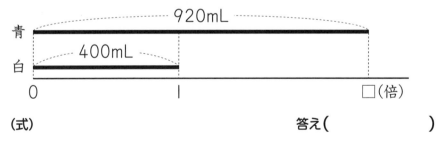

（式）　　　　　　　　　　　答え（　　　　　　）

 次の筆算をしましょう。 1つ5点【15点】

スパイラルコーナー

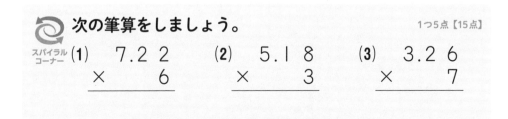

(1)
```
  7.2 2
×     6
```

(2)
```
  5.1 8
×     3
```

(3)
```
  3.2 6
×     7
```

# 70 小数倍①

目ひょう時間 ⏱ 20分

学習した日　　　月　　　日　　とく点

名前

／100点

1470
解説→195ページ

**❶** 白いテープと黒いテープがあります。白いテープの長さが 20cm、黒いテープの長さが30cmのとき、黒いテープの 長さは白いテープの長さの何倍か考えます。次の ▢ に あてはまる数を書きましょう。　【全部できて25点】

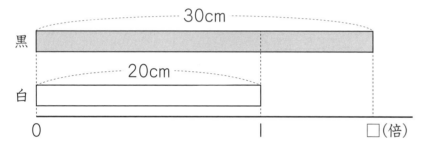

白いテープの長さを1とすると、黒いテープの長さは

（くらべられる量）÷（もとにする量）

$=30÷$ ▢ $=$ ▢

より、黒いテープの長さは白いテープの長さの

 倍です。

**❷** 青い折り紙が25まい、赤い折り紙が40まいあります。赤 い折り紙のまい数は、青い折り紙のまい数の何倍ですか。　【全部できて30点】

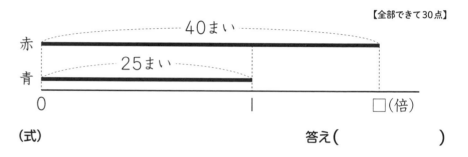

(式)　　　　　　　　　　　　　　　答え(　　　　　)

**❸** 白いペンキと青いペンキがあります。白いペンキの量が 400mL、青いペンキの量が920mLのとき、青いペンキ の量は白いペンキの量の何倍ですか。　【全部できて30点】

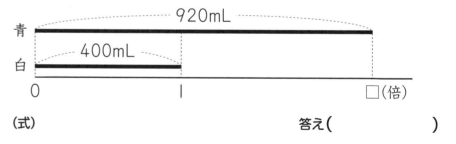

(式)　　　　　　　　　　　　　　　答え(　　　　　)

🔄 次の筆算をしましょう。　1つ5点【15点】

スパイラル
コーナー

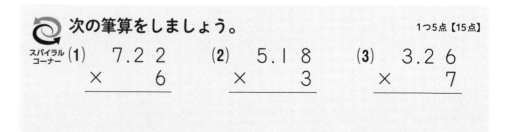

(1)　7.22
　　×　　6

(2)　5.18
　　×　　3

(3)　3.26
　　×　　7

❶ 青いテープと白いテープがあります。青いテープの長さが6m、白いテープの長さが3mのとき、白いテープの長さは青いテープの長さの何倍ですか。　【全部できて25点】

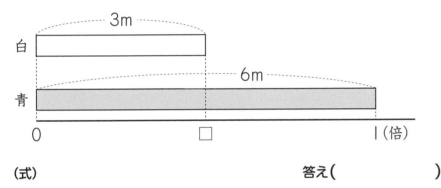

（式）　　　　　　　　　　　　答え（　　　　　　）

❷ ミカンの入った箱とリンゴの入った箱があります。ミカンの箱の重さが10kg、リンゴの箱の重さが2kgのとき、リンゴの箱の重さはミカンの箱の重さの何倍ですか。　【全部できて30点】

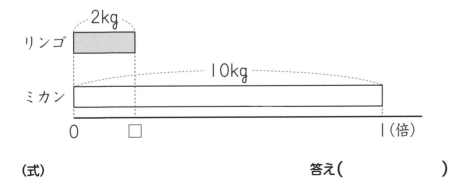

（式）　　　　　　　　　　　　答え（　　　　　　）

❸ お茶と牛乳があります。牛乳の量が1200mL、お茶の量が300mLのとき、お茶の量は牛乳の量の何倍ですか。　【全部できて30点】

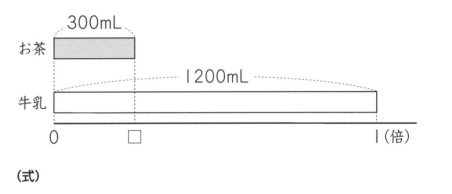

（式）

答え（　　　　　　）

🔄 次の筆算をしましょう。　1つ5点【15点】

スパイラルコーナー

(1)
```
  0.5 6
×  5 1
```

(2)
```
  0.6 9
×  2 5
```

(3)
```
  8.7 2
×  1 4
```

# 71 小数倍②

目ひょう時間
🕐 20分

学習した日　　　月　　　日

名前

とく点　　／100点

1471
解説→196ページ

---

❶ 青いテープと白いテープがあります。青いテープの長さが6m、白いテープの長さが3mのとき、白いテープの長さは青いテープの長さの何倍ですか。　【全部できて25点】

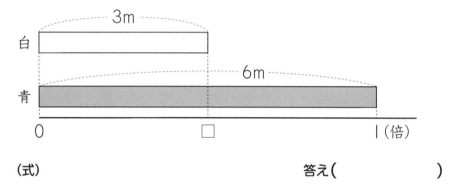

(式)　　　　　　　　　　　答え(　　　　　)

❷ ミカンの入った箱とリンゴの入った箱があります。ミカンの箱の重さが10kg、リンゴの箱の重さが2kgのとき、リンゴの箱の重さはミカンの箱の重さの何倍ですか。　【全部できて30点】

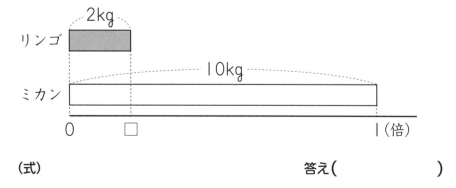

(式)　　　　　　　　　　　答え(　　　　　)

---

❸ お茶と牛乳があります。牛乳の量が1200mL、お茶の量が300mLのとき、お茶の量は牛乳の量の何倍ですか。　【全部できて30点】

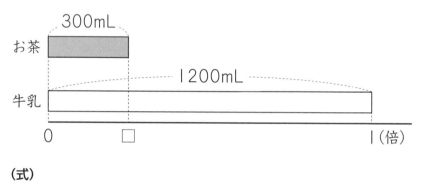

(式)

答え(　　　　　)

次の筆算をしましょう。　1つ5点【15点】

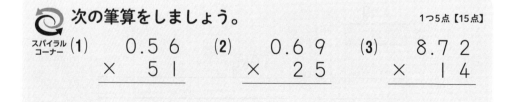

スパイラルコーナー
(1)　0.56　× 51　　(2)　0.69　× 25　　(3)　8.72　× 14

目ひょう時間 🕐 **20分**

学習した日　　　月　　　日

名前

とく点

／100点

**❶** 次から、真分数をすべて選び、記号を書きましょう。

【全部できて9点】

ア $\dfrac{4}{5}$　　イ $\dfrac{6}{5}$　　ウ $\dfrac{3}{7}$　　エ $\dfrac{9}{4}$　　オ $\dfrac{1}{2}$

（　　　　　　　　　）

**❷** 次の仮分数を、整数か帯分数になおしましょう。

1つ6点【18点】

(1) $\dfrac{5}{3}$　　　　(2) $\dfrac{16}{4}$　　　　(3) $\dfrac{35}{6}$

（　　　）　　（　　　）　　（　　　）

**❸** 次の帯分数を、仮分数になおしましょう。

1つ6点【18点】

(1) $1\dfrac{1}{2}$　　　　(2) $2\dfrac{1}{5}$　　　　(3) $6\dfrac{5}{8}$

（　　　）　　（　　　）　　（　　　）

**❹** 次の □ にあてはまる等号、不等号を書きましょう。

1つ6点【24点】

(1) $\dfrac{25}{6}$ □ $4\dfrac{5}{6}$　　(2) $5$ □ $\dfrac{19}{4}$

(3) $5\dfrac{7}{10}$ □ $\dfrac{57}{10}$　　(4) $8\dfrac{2}{3}$ □ $\dfrac{28}{3}$

**❺** 下の数直線を見て、次の □ にあてはまる等号、不等号を書きましょう。

1つ8点【16点】

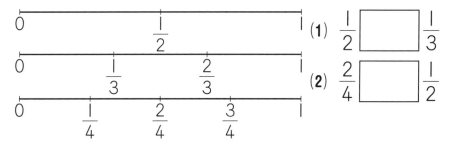

(1) $\dfrac{1}{2}$ □ $\dfrac{1}{3}$

(2) $\dfrac{2}{4}$ □ $\dfrac{1}{2}$

🔄 次の筆算をしましょう。

1つ5点【15点】

スパイラルコーナー

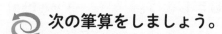

(1) $3\overline{)0.9}$　　(2) $7\overline{)9.8}$　　(3) $4\overline{)9.6}$

# 72 分数の計算①

❶ 次から、真分数をすべて選び、記号を書きましょう。

【全部できて9点】

ア $\dfrac{4}{5}$　イ $\dfrac{6}{5}$　ウ $\dfrac{3}{7}$　エ $\dfrac{9}{4}$　オ $\dfrac{1}{2}$

（　　　　　　　　　　　）

❷ 次の仮分数を、整数か帯分数になおしましょう。　1つ6点【18点】

(1) $\dfrac{5}{3}$　　　　(2) $\dfrac{16}{4}$　　　　(3) $\dfrac{35}{6}$

（　　　　　）　（　　　　　）　（　　　　　）

❸ 次の帯分数を、仮分数になおしましょう。　1つ6点【18点】

(1) $1\dfrac{1}{2}$　　　(2) $2\dfrac{1}{5}$　　　(3) $6\dfrac{5}{8}$

（　　　　　）　（　　　　　）　（　　　　　）

❹ 次の □ にあてはまる等号、不等号を書きましょう。

1つ6点【24点】

(1) $\dfrac{25}{6}$ □ $4\dfrac{5}{6}$　　　(2) $5$ □ $\dfrac{19}{4}$

(3) $5\dfrac{7}{10}$ □ $\dfrac{57}{10}$　　(4) $8\dfrac{2}{3}$ □ $\dfrac{28}{3}$

❺ 下の数直線を見て、次の □ にあてはまる等号、不等号を書きましょう。

1つ8点【16点】

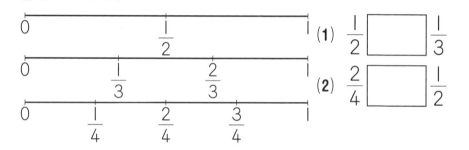

(1) $\dfrac{1}{2}$ □ $\dfrac{1}{3}$

(2) $\dfrac{2}{4}$ □ $\dfrac{1}{2}$

🔄 次の筆算をしましょう。

1つ5点【15点】

スパイラルコーナー

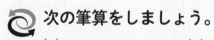

(1) $3)\overline{0.9}$　　(2) $7)\overline{9.8}$　　(3) $4)\overline{9.6}$

目ひょう時間 20分

学習した日　　　月　　　日

名前

とく点　　／100点

1473
解説→197ページ

❶ $\dfrac{2}{6}+\dfrac{3}{6}$ について考えます。次の □ にあてはまる数を書きましょう。 【全部できて8点】

$\dfrac{2}{6}$ は $\dfrac{1}{6}$ の2こ分、$\dfrac{3}{6}$ は $\dfrac{1}{6}$ の □ こ分です。

$\dfrac{2}{6}+\dfrac{3}{6}$ は $\dfrac{1}{6}$ が $(2+\boxed{\phantom{0}})$ こ分なので、

$\dfrac{2}{6}+\dfrac{3}{6}=\boxed{\phantom{00}}$ となります。

❷ 次の計算をしましょう。 1つ5点【40点】

(1) $\dfrac{1}{5}+\dfrac{1}{5}=$

(2) $\dfrac{3}{7}+\dfrac{2}{7}=$

(3) $\dfrac{3}{8}+\dfrac{4}{8}=$

(4) $\dfrac{1}{10}+\dfrac{6}{10}=$

(5) $\dfrac{2}{6}+\dfrac{3}{6}=$

(6) $\dfrac{1}{3}+\dfrac{1}{3}=$

(7) $\dfrac{4}{9}+\dfrac{2}{9}=$

(8) $\dfrac{2}{8}+\dfrac{3}{8}=$

❸ 次の計算をしましょう。 1つ7点【42点】

(1) $\dfrac{3}{7}+\dfrac{6}{7}=$

(2) $\dfrac{3}{4}+\dfrac{2}{4}=$

(3) $\dfrac{6}{10}+\dfrac{7}{10}=$

(4) $\dfrac{4}{5}+\dfrac{4}{5}=$

(5) $\dfrac{4}{6}+\dfrac{3}{6}=$

(6) $\dfrac{3}{4}+\dfrac{3}{4}=$

🔁 次の筆算をしましょう。 1つ5点【10点】

スパイラルコーナー

(1) $3\overline{)57.9}$

(2) $7\overline{)2.87}$

# 73 分数の計算②

目ひょう時間

⏱ 20分

📝 学習した日　　　月　　　日

名前

とく点

／100点

1473
解説→197ページ

❶ $\frac{2}{6}+\frac{3}{6}$ について考えます。次の□にあてはまる数を書き

ましょう。

【全部できて8点】

$\frac{2}{6}$ は $\frac{1}{6}$ の2こ分、$\frac{3}{6}$ は $\frac{1}{6}$ の □ こ分です。

$\frac{2}{6}+\frac{3}{6}$ は $\frac{1}{6}$ が $(2+$ □ $)$ こ分なので、

$\frac{2}{6}+\frac{3}{6}=$ □ となります。

❷ 次の計算をしましょう。

1つ5点【40点】

(1) $\frac{1}{5}+\frac{1}{5}=$

(2) $\frac{3}{7}+\frac{2}{7}=$

(3) $\frac{3}{8}+\frac{4}{8}=$

(4) $\frac{1}{10}+\frac{6}{10}=$

(5) $\frac{2}{6}+\frac{3}{6}=$

(6) $\frac{1}{3}+\frac{1}{3}=$

(7) $\frac{4}{9}+\frac{2}{9}=$

(8) $\frac{2}{8}+\frac{3}{8}=$

❸ 次の計算をしましょう。

1つ7点【42点】

(1) $\frac{3}{7}+\frac{6}{7}=$

(2) $\frac{3}{4}+\frac{2}{4}=$

(3) $\frac{6}{10}+\frac{7}{10}=$

(4) $\frac{4}{5}+\frac{4}{5}=$

(5) $\frac{4}{6}+\frac{3}{6}=$

(6) $\frac{3}{4}+\frac{3}{4}=$

 次の筆算をしましょう。

1つ5点【10点】

スパイラル
コーナー (1)

$3\overline{)57.9}$

(2)

$7\overline{)2.87}$

目ひょう時間 20分

学習した日　　　月　　　日

名前

とく点　　　／100点

1474
解説→197ページ

❶ $\dfrac{5}{6} - \dfrac{3}{6}$ について考えます。次の□にあてはまる数を書きましょう。　　【全部できて6点】

$\dfrac{5}{6}$ は $\dfrac{1}{6}$ の □ こ分、$\dfrac{3}{6}$ は $\dfrac{1}{6}$ の3こ分です。

$\dfrac{5}{6} - \dfrac{3}{6}$ は $\dfrac{1}{6}$ が（□－3）こ分なので、

$\dfrac{5}{6} - \dfrac{3}{6} =$ □ となります。

❷ 次の計算をしましょう。　　1つ6点【84点】

(1) $\dfrac{4}{5} - \dfrac{1}{5} =$

(2) $\dfrac{7}{8} - \dfrac{2}{8} =$

(3) $\dfrac{5}{7} - \dfrac{4}{7} =$

(4) $\dfrac{6}{9} - \dfrac{4}{9} =$

(5) $\dfrac{2}{6} - \dfrac{1}{6} =$

(6) $\dfrac{9}{10} - \dfrac{1}{10} =$

(7) $\dfrac{4}{7} - \dfrac{2}{7} =$

(8) $\dfrac{6}{8} - \dfrac{1}{8} =$

(9) $\dfrac{6}{7} - \dfrac{5}{7} =$

(10) $\dfrac{3}{4} - \dfrac{2}{4} =$

(11) $\dfrac{9}{10} - \dfrac{2}{10} =$

(12) $\dfrac{3}{5} - \dfrac{1}{5} =$

(13) $\dfrac{6}{8} - \dfrac{3}{8} =$

(14) $\dfrac{6}{7} - \dfrac{2}{7} =$

🔁 次の筆算をわり切れるまでしましょう。　　1つ5点【10点】

スパイラルコーナー (1)

$16\overline{)2}$

(2)

$25\overline{)21}$

149

**74** 分数の計算③

目ひょう時間 ⏱ **20**分

学習した日　　　月　　　日

名前

とく点

／100点

1474
解説→197ページ

❶ $\dfrac{5}{6} - \dfrac{3}{6}$ について考えます。次の □ にあてはまる数を書きましょう。 【全部できて6点】

$\dfrac{5}{6}$ は $\dfrac{1}{6}$ の □ こ分、$\dfrac{3}{6}$ は $\dfrac{1}{6}$ の 3 こ分です。

$\dfrac{5}{6} - \dfrac{3}{6}$ は $\dfrac{1}{6}$ が（□ − 3）こ分なので、

$\dfrac{5}{6} - \dfrac{3}{6} =$ □ となります。

❷ 次の計算をしましょう。 1つ6点【84点】

(1) $\dfrac{4}{5} - \dfrac{1}{5} =$

(2) $\dfrac{7}{8} - \dfrac{2}{8} =$

(3) $\dfrac{5}{7} - \dfrac{4}{7} =$

(4) $\dfrac{6}{9} - \dfrac{4}{9} =$

(5) $\dfrac{2}{6} - \dfrac{1}{6} =$

(6) $\dfrac{9}{10} - \dfrac{1}{10} =$

(7) $\dfrac{4}{7} - \dfrac{2}{7} =$

(8) $\dfrac{6}{8} - \dfrac{1}{8} =$

(9) $\dfrac{6}{7} - \dfrac{5}{7} =$

(10) $\dfrac{3}{4} - \dfrac{2}{4} =$

(11) $\dfrac{9}{10} - \dfrac{2}{10} =$

(12) $\dfrac{3}{5} - \dfrac{1}{5} =$

(13) $\dfrac{6}{8} - \dfrac{3}{8} =$

(14) $\dfrac{6}{7} - \dfrac{2}{7} =$

🔄 次の筆算をわり切れるまでしましょう。 1つ5点【10点】

スパイラルコーナー

(1) $16\overline{)2}$

(2) $25\overline{)21}$

## 75 分数の計算④

✎ 学習した日　　　月　　　日　　とく点　　名前　　　／100点　　1475　解説→197ページ

**1** 次の計算をしましょう。

1つ4点【80点】

(1) $\dfrac{8}{5}+\dfrac{1}{5}=$

(2) $\dfrac{9}{7}+\dfrac{3}{7}=$

(3) $\dfrac{2}{3}+\dfrac{5}{3}=$

(4) $\dfrac{4}{3}+\dfrac{4}{3}=$

(5) $\dfrac{9}{6}+\dfrac{2}{6}=$

(6) $\dfrac{10}{11}+\dfrac{20}{11}=$

(7) $\dfrac{13}{9}+\dfrac{3}{9}=$

(8) $\dfrac{8}{3}+\dfrac{11}{3}=$

(9) $\dfrac{6}{7}+\dfrac{14}{7}=$

(10) $\dfrac{3}{2}+\dfrac{5}{2}=$

(11) $\dfrac{4}{7}+\dfrac{8}{7}=$

(12) $\dfrac{17}{10}+\dfrac{14}{10}=$

(13) $\dfrac{9}{8}+\dfrac{14}{8}=$

(14) $\dfrac{7}{12}+\dfrac{15}{12}=$

(15) $\dfrac{5}{3}+\dfrac{5}{3}=$

(16) $\dfrac{5}{6}+\dfrac{8}{6}=$

(17) $\dfrac{10}{7}+\dfrac{24}{7}=$

(18) $\dfrac{16}{13}+\dfrac{14}{13}=$

(19) $\dfrac{9}{5}+\dfrac{7}{5}=$

(20) $\dfrac{9}{7}+\dfrac{15}{7}=$

🔄 スパイラルコーナー　次の筆算をしましょう。商は小数第一位まで求め、あまりも出しましょう。

(1)6点、(2)(3)7点【20点】

(1)
$$8\,\overline{)\,6.7}$$

(2)
$$8\,\overline{)\,3\,5.7}$$

(3)
$$7\,\overline{)\,5\,1.7}$$

# 75 分数の計算④

目ひょう時間 ⏱ 20分

| 学習した日 | 月 | 日 | とく点 |
| --- | --- | --- | --- |
| 名前 | | | /100点 |

らくらく マルつけ
1475
解説→197ページ

**❶ 次の計算をしましょう。**　　　　1つ4点【80点】

(1) $\dfrac{8}{5} + \dfrac{1}{5} =$

(2) $\dfrac{9}{7} + \dfrac{3}{7} =$

(3) $\dfrac{2}{3} + \dfrac{5}{3} =$

(4) $\dfrac{4}{3} + \dfrac{4}{3} =$

(5) $\dfrac{9}{6} + \dfrac{2}{6} =$

(6) $\dfrac{10}{11} + \dfrac{20}{11} =$

(7) $\dfrac{13}{9} + \dfrac{3}{9} =$

(8) $\dfrac{8}{3} + \dfrac{11}{3} =$

(9) $\dfrac{6}{7} + \dfrac{14}{7} =$

(10) $\dfrac{3}{2} + \dfrac{5}{2} =$

(11) $\dfrac{4}{7} + \dfrac{8}{7} =$

(12) $\dfrac{17}{10} + \dfrac{14}{10} =$

(13) $\dfrac{9}{8} + \dfrac{14}{8} =$

(14) $\dfrac{7}{12} + \dfrac{15}{12} =$

(15) $\dfrac{5}{3} + \dfrac{5}{3} =$

(16) $\dfrac{5}{6} + \dfrac{8}{6} =$

(17) $\dfrac{10}{7} + \dfrac{24}{7} =$

(18) $\dfrac{16}{13} + \dfrac{14}{13} =$

(19) $\dfrac{9}{5} + \dfrac{7}{5} =$

(20) $\dfrac{9}{7} + \dfrac{15}{7} =$

🔄 スパイラルコーナー　**次の筆算をしましょう。商は小数第一位まで求め、あまりも出しましょう。**　　(1)6点、(2)(3)7点【20点】

(1)
$$8\,\overline{)\,6.7}$$

(2)
$$8\,\overline{)\,3\,5.7}$$

(3)
$$7\,\overline{)\,5\,1.7}$$

目ひょう時間
⏱
**20**分

学習した日　　　月　　　日

名前

とく点

／100点

1476
解説→198ページ

**1** 次の計算をしましょう。

1つ4点【80点】

(1) $\dfrac{8}{7} - \dfrac{3}{7} =$

(2) $\dfrac{13}{9} - \dfrac{5}{9} =$

(3) $\dfrac{6}{4} - \dfrac{5}{4} =$

(4) $\dfrac{9}{5} - \dfrac{5}{5} =$

(5) $\dfrac{11}{6} - \dfrac{4}{6} =$

(6) $\dfrac{13}{15} - \dfrac{5}{15} =$

(7) $\dfrac{17}{9} - \dfrac{4}{9} =$

(8) $\dfrac{7}{5} - \dfrac{1}{5} =$

(9) $\dfrac{20}{6} - \dfrac{13}{6} =$

(10) $\dfrac{8}{3} - \dfrac{4}{3} =$

(11) $\dfrac{17}{8} - \dfrac{11}{8} =$

(12) $\dfrac{9}{6} - \dfrac{8}{6} =$

(13) $\dfrac{9}{2} - \dfrac{7}{2} =$

(14) $\dfrac{13}{12} - \dfrac{2}{12} =$

(15) $\dfrac{5}{3} - \dfrac{5}{3} =$

(16) $\dfrac{5}{4} - \dfrac{3}{4} =$

(17) $\dfrac{10}{7} - \dfrac{4}{7} =$

(18) $\dfrac{15}{7} - \dfrac{13}{7} =$

(19) $\dfrac{15}{9} - \dfrac{13}{9} =$

(20) $\dfrac{29}{25} - \dfrac{15}{25} =$

 次の筆算をしましょう。商は四捨五入して、上から2け
スパイラル
コーナー たのがい数で求めましょう。

(1)6点、(2)(3)7点【20点】

(1)

$3 \overline{)7.2\ 5}$

(2)

$14 \overline{)7\ 2.2}$

(3)

$6 \overline{)3\ 2.6\ 2}$

# 76 分数の計算⑤

目ひょう時間 ⏱ **20分**

1476
解説→198ページ

学習した日　　月　　日

名前

とく点　　／100点

---

❶ 次の計算をしましょう。

1つ4点【80点】

(1) $\dfrac{8}{7} - \dfrac{3}{7} =$

(2) $\dfrac{13}{9} - \dfrac{5}{9} =$

(3) $\dfrac{6}{4} - \dfrac{5}{4} =$

(4) $\dfrac{9}{5} - \dfrac{5}{5} =$

(5) $\dfrac{11}{6} - \dfrac{4}{6} =$

(6) $\dfrac{13}{15} - \dfrac{5}{15} =$

(7) $\dfrac{17}{9} - \dfrac{4}{9} =$

(8) $\dfrac{7}{5} - \dfrac{1}{5} =$

(9) $\dfrac{20}{6} - \dfrac{13}{6} =$

(10) $\dfrac{8}{3} - \dfrac{4}{3} =$

(11) $\dfrac{17}{8} - \dfrac{11}{8} =$

(12) $\dfrac{9}{6} - \dfrac{8}{6} =$

(13) $\dfrac{9}{2} - \dfrac{7}{2} =$

(14) $\dfrac{13}{12} - \dfrac{2}{12} =$

(15) $\dfrac{5}{3} - \dfrac{5}{3} =$

(16) $\dfrac{5}{4} - \dfrac{3}{4} =$

(17) $\dfrac{10}{7} - \dfrac{4}{7} =$

(18) $\dfrac{15}{7} - \dfrac{13}{7} =$

(19) $\dfrac{15}{9} - \dfrac{13}{9} =$

(20) $\dfrac{29}{25} - \dfrac{15}{25} =$

---

🔄 **スパイラルコーナー** 次の筆算をしましょう。商は四捨五入して、上から2けたのがい数で求めましょう。

(1)6点、(2)(3)7点【20点】

(1) $3 \overline{)7.25}$

(2) $14 \overline{)72.2}$

(3) $6 \overline{)32.62}$

# 77 分数の計算⑥

学習した日　　月　　日　　名前　　とく点 ／100点

1477
解説→199ページ

❶ 次の計算をしましょう。

1つ4点【88点】

(1) $1\frac{1}{4} + \frac{2}{4} =$

(2) $\frac{2}{5} + 1\frac{2}{5} =$

(3) $\frac{1}{3} + 1\frac{1}{3} =$

(4) $2\frac{1}{8} + \frac{2}{8} =$

(5) $\frac{4}{9} + 3\frac{1}{9} =$

(6) $\frac{2}{5} + 2\frac{1}{5} =$

(7) $3\frac{2}{9} + \frac{5}{9} =$

(8) $1\frac{1}{5} + \frac{3}{5} =$

(9) $2\frac{4}{6} + 1\frac{1}{6} =$

(10) $2\frac{2}{3} + 3 =$

(11) $\frac{7}{8} + 3 =$

(12) $3\frac{2}{5} + 2\frac{1}{5} =$

(13) $4\frac{4}{7} + 2\frac{2}{7} =$

(14) $1\frac{5}{9} + \frac{5}{9} =$

(15) $2\frac{1}{4} + \frac{2}{4} =$

(16) $1\frac{4}{5} + \frac{3}{5} =$

(17) $2\frac{1}{3} + 3\frac{2}{3} =$

(18) $2\frac{5}{7} + \frac{6}{7} =$

(19) $3\frac{2}{9} + 2\frac{8}{9} =$

(20) $2\frac{7}{8} + 2\frac{7}{8} =$

(21) $3\frac{8}{9} + \frac{1}{9} =$

(22) $2\frac{2}{4} + 2\frac{3}{4} =$

 オレンジジュースが8Lとリンゴジュースが5Lあります。オレンジジュースはリンゴジュースの何倍ありますか。

【全部できて12点】

(式)

答え(　　　　　)

# 77 分数の計算⑥

✐ 学習した日　　　月　　　日　　とく点

名前

／100点

1477
解説→199ページ

**❶ 次の計算をしましょう。**　　1つ4点【88点】

(1) $1\dfrac{1}{4} + \dfrac{2}{4} =$

(2) $\dfrac{2}{5} + 1\dfrac{2}{5} =$

(3) $\dfrac{1}{3} + 1\dfrac{1}{3} =$

(4) $2\dfrac{1}{8} + \dfrac{2}{8} =$

(5) $\dfrac{4}{9} + 3\dfrac{1}{9} =$

(6) $\dfrac{2}{5} + 2\dfrac{1}{5} =$

(7) $3\dfrac{2}{9} + \dfrac{5}{9} =$

(8) $1\dfrac{1}{5} + \dfrac{3}{5} =$

(9) $2\dfrac{4}{6} + 1\dfrac{1}{6} =$

(10) $2\dfrac{2}{3} + 3 =$

(11) $\dfrac{7}{8} + 3 =$

(12) $3\dfrac{2}{5} + 2\dfrac{1}{5} =$

(13) $4\dfrac{4}{7} + 2\dfrac{2}{7} =$

(14) $1\dfrac{5}{9} + \dfrac{5}{9} =$

(15) $2\dfrac{1}{4} + \dfrac{2}{4} =$

(16) $1\dfrac{4}{5} + \dfrac{3}{5} =$

(17) $2\dfrac{1}{3} + 3\dfrac{2}{3} =$

(18) $2\dfrac{5}{7} + \dfrac{6}{7} =$

(19) $3\dfrac{2}{9} + 2\dfrac{8}{9} =$

(20) $2\dfrac{7}{8} + 2\dfrac{7}{8} =$

(21) $3\dfrac{8}{9} + \dfrac{1}{9} =$

(22) $2\dfrac{2}{4} + 2\dfrac{3}{4} =$

---

🔄 **オレンジジュースが8Lとリンゴジュースが5Lあります。**
スパイラル
コーナー **オレンジジュースはリンゴジュースの何倍ありますか。**

【全部できて12点】

(式)

答え（　　　　　　　）

目ひょう時間 ⏱ **20分**

学習した日　　月　　日　　とく点

名前

／100点

1478
解説→199ページ

❶ 次の計算をしましょう。

1つ4点【88点】

(1) $1\dfrac{7}{8} - \dfrac{2}{8} =$

(2) $2\dfrac{3}{6} - \dfrac{2}{6} =$

(3) $4\dfrac{2}{3} - \dfrac{1}{3} =$

(4) $2\dfrac{8}{9} - \dfrac{4}{9} =$

(5) $1\dfrac{6}{9} - 1\dfrac{5}{9} =$

(6) $1\dfrac{1}{5} - \dfrac{1}{5} =$

(7) $3\dfrac{8}{9} - 2\dfrac{4}{9} =$

(8) $4\dfrac{4}{5} - 1\dfrac{3}{5} =$

(9) $5\dfrac{4}{5} - 1\dfrac{1}{5} =$

(10) $2\dfrac{2}{3} - 2 =$

(11) $3\dfrac{5}{8} - 3\dfrac{2}{8} =$

(12) $3\dfrac{4}{5} - 2\dfrac{1}{5} =$

(13) $6\dfrac{6}{7} - 3\dfrac{2}{7} =$

(14) $3\dfrac{7}{9} - 1\dfrac{5}{9} =$

(15) $1\dfrac{1}{4} - \dfrac{2}{4} =$

(16) $2\dfrac{2}{5} - \dfrac{3}{5} =$

(17) $2\dfrac{2}{9} - 1\dfrac{5}{9} =$

(18) $4\dfrac{5}{7} - 1\dfrac{6}{7} =$

(19) $3\dfrac{2}{9} - 2\dfrac{3}{9} =$

(20) $2 - \dfrac{1}{2} =$

(21) $3\dfrac{5}{8} - 2\dfrac{6}{8} =$

(22) $3 - \dfrac{1}{3} =$

 赤い折り紙と白い折り紙があります。赤い折り紙は50まい、白い折り紙は5まいです。白い折り紙のまい数は赤い折り紙のまい数の何倍ですか。

【全部できて12点】

(式)

答え(　　　　　)

# 78 分数の計算⑦

目ひょう時間
⏱
20分

1478
解説→199ページ

学習した日　　　月　　　日

名前

とく点

／100点

❶ 次の計算をしましょう。

1つ4点【88点】

(1) $1\dfrac{7}{8} - \dfrac{2}{8} =$

(2) $2\dfrac{3}{6} - \dfrac{2}{6} =$

(3) $4\dfrac{2}{3} - \dfrac{1}{3} =$

(4) $2\dfrac{8}{9} - \dfrac{4}{9} =$

(5) $1\dfrac{6}{9} - 1\dfrac{5}{9} =$

(6) $1\dfrac{1}{5} - \dfrac{1}{5} =$

(7) $3\dfrac{8}{9} - 2\dfrac{4}{9} =$

(8) $4\dfrac{4}{5} - 1\dfrac{3}{5} =$

(9) $5\dfrac{4}{5} - 1\dfrac{1}{5} =$

(10) $2\dfrac{2}{3} - 2 =$

(11) $3\dfrac{5}{8} - 3\dfrac{2}{8} =$

(12) $3\dfrac{4}{5} - 2\dfrac{1}{5} =$

(13) $6\dfrac{6}{7} - 3\dfrac{2}{7} =$

(14) $3\dfrac{7}{9} - 1\dfrac{5}{9} =$

(15) $1\dfrac{1}{4} - \dfrac{2}{4} =$

(16) $2\dfrac{2}{5} - \dfrac{3}{5} =$

(17) $2\dfrac{2}{9} - 1\dfrac{5}{9} =$

(18) $4\dfrac{5}{7} - 1\dfrac{6}{7} =$

(19) $3\dfrac{2}{9} - 2\dfrac{3}{9} =$

(20) $2 - \dfrac{1}{2} =$

(21) $3\dfrac{5}{8} - 2\dfrac{6}{8} =$

(22) $3 - \dfrac{1}{3} =$

🌀 スパイラルコーナー 赤い折り紙と白い折り紙があります。赤い折り紙は50まい、白い折り紙は5まいです。白い折り紙のまい数は赤い折り紙のまい数の何倍ですか。

【全部できて12点】

(式)

答え(　　　　　　　)

158

**79 まとめのテスト⓫**

目ひょう時間 ⏱ **20分**

📝学習した日　　　月　　　日　　とく点

名前

／100点

1479
解説→200ページ

**❶ 次の □ にあてはまる等号、不等号を書きましょう。**

1つ7点【28点】

(1) $\dfrac{3}{5}$ □ $\dfrac{2}{5}$

(2) $3$ □ $\dfrac{20}{7}$

(3) $5\dfrac{1}{3}$ □ $\dfrac{16}{3}$

(4) $\dfrac{24}{5}$ □ $4\dfrac{3}{5}$

**❷ 次の計算をしましょう。**

1つ3点【36点】

(1) $\dfrac{2}{8}+\dfrac{3}{8}=$

(2) $\dfrac{4}{6}+\dfrac{3}{6}=$

(3) $\dfrac{6}{13}+\dfrac{11}{13}=$

(4) $\dfrac{1}{6}+\dfrac{4}{6}=$

(5) $1\dfrac{2}{6}+\dfrac{2}{6}=$

(6) $\dfrac{1}{5}+1\dfrac{2}{5}=$

(7) $3\dfrac{2}{4}+\dfrac{3}{4}=$

(8) $2\dfrac{3}{5}+\dfrac{4}{5}=$

(9) $2\dfrac{1}{4}+2\dfrac{3}{4}=$

(10) $\dfrac{3}{7}+2\dfrac{6}{7}=$

(11) $1\dfrac{4}{5}+2\dfrac{2}{5}=$

(12) $4\dfrac{7}{8}+\dfrac{4}{8}=$

**❸ 次の計算をしましょう。**

1つ3点【36点】

(1) $\dfrac{2}{3}-\dfrac{1}{3}=$

(2) $\dfrac{8}{9}-\dfrac{4}{9}=$

(3) $\dfrac{6}{4}-\dfrac{3}{4}=$

(4) $\dfrac{11}{5}-\dfrac{7}{5}=$

(5) $3\dfrac{4}{5}-\dfrac{3}{5}=$

(6) $\dfrac{2}{3}-\dfrac{2}{3}=$

(7) $3\dfrac{2}{8}-\dfrac{1}{8}=$

(8) $3\dfrac{4}{9}-2\dfrac{6}{9}=$

(9) $5\dfrac{2}{7}-2\dfrac{6}{7}=$

(10) $3\dfrac{5}{9}-1\dfrac{8}{9}=$

(11) $2-\dfrac{1}{4}=$

(12) $3-1\dfrac{2}{3}=$

# 79 まとめのテスト⑪

学習した日　　　月　　　日　　とく点

名前

／100点

1479
解説→200ページ

---

❶ 次の □ にあてはまる等号、不等号を書きましょう。

1つ7点【28点】

(1) $\dfrac{3}{5}$ □ $\dfrac{2}{5}$

(2) $3$ □ $\dfrac{20}{7}$

(3) $5\dfrac{1}{3}$ □ $\dfrac{16}{3}$

(4) $\dfrac{24}{5}$ □ $4\dfrac{3}{5}$

❷ 次の計算をしましょう。

1つ3点【36点】

(1) $\dfrac{2}{8} + \dfrac{3}{8} =$

(2) $\dfrac{4}{6} + \dfrac{3}{6} =$

(3) $\dfrac{6}{13} + \dfrac{11}{13} =$

(4) $\dfrac{1}{6} + \dfrac{4}{6} =$

(5) $1\dfrac{2}{6} + \dfrac{2}{6} =$

(6) $\dfrac{1}{5} + 1\dfrac{2}{5} =$

(7) $3\dfrac{2}{4} + \dfrac{3}{4} =$

(8) $2\dfrac{3}{5} + \dfrac{4}{5} =$

(9) $2\dfrac{1}{4} + 2\dfrac{3}{4} =$

(10) $\dfrac{3}{7} + 2\dfrac{6}{7} =$

(11) $1\dfrac{4}{5} + 2\dfrac{2}{5} =$

(12) $4\dfrac{7}{8} + \dfrac{4}{8} =$

❸ 次の計算をしましょう。

1つ3点【36点】

(1) $\dfrac{2}{3} - \dfrac{1}{3} =$

(2) $\dfrac{8}{9} - \dfrac{4}{9} =$

(3) $\dfrac{6}{4} - \dfrac{3}{4} =$

(4) $\dfrac{11}{5} - \dfrac{7}{5} =$

(5) $3\dfrac{4}{5} - \dfrac{3}{5} =$

(6) $\dfrac{2}{3} - \dfrac{2}{3} =$

(7) $3\dfrac{2}{8} - \dfrac{1}{8} =$

(8) $3\dfrac{4}{9} - 2\dfrac{6}{9} =$

(9) $5\dfrac{2}{7} - 2\dfrac{6}{7} =$

(10) $3\dfrac{5}{9} - 1\dfrac{8}{9} =$

(11) $2 - \dfrac{1}{4} =$

(12) $3 - 1\dfrac{2}{3} =$

**①** 次の □ にあてはまる等号、不等号を書きましょう。

1つ7点【28点】

(1) $\dfrac{8}{7}$ □ $\dfrac{6}{7}$

(2) $\dfrac{8}{3}$ □ $2$

(3) $4\dfrac{5}{6}$ □ $\dfrac{29}{6}$

(4) $\dfrac{44}{8}$ □ $5\dfrac{6}{8}$

**②** 次の計算をしましょう。

1つ3点【36点】

(1) $\dfrac{3}{7}+\dfrac{2}{7}=$

(2) $\dfrac{5}{8}+\dfrac{2}{8}=$

(3) $\dfrac{4}{5}+\dfrac{1}{5}=$

(4) $\dfrac{3}{5}+\dfrac{4}{5}=$

(5) $\dfrac{1}{8}+2\dfrac{2}{8}=$

(6) $2\dfrac{1}{4}+1\dfrac{2}{4}=$

(7) $5\dfrac{4}{7}+1\dfrac{2}{7}=$

(8) $2\dfrac{3}{4}+1\dfrac{2}{4}=$

(9) $2\dfrac{2}{5}+\dfrac{3}{5}=$

(10) $2\dfrac{3}{4}+\dfrac{1}{4}=$

(11) $\dfrac{5}{6}+3\dfrac{2}{6}=$

(12) $4\dfrac{3}{7}+2\dfrac{4}{7}=$

**③** 次の計算をしましょう。

1つ3点【36点】

(1) $\dfrac{2}{4}-\dfrac{1}{4}=$

(2) $\dfrac{6}{8}-\dfrac{3}{8}=$

(3) $\dfrac{5}{2}-\dfrac{3}{2}=$

(4) $\dfrac{26}{4}-\dfrac{7}{4}=$

(5) $2\dfrac{5}{7}-\dfrac{3}{7}=$

(6) $5\dfrac{1}{4}-2\dfrac{1}{4}=$

(7) $3\dfrac{2}{5}-\dfrac{4}{5}=$

(8) $4\dfrac{2}{8}-2\dfrac{6}{8}=$

(9) $3-1\dfrac{4}{5}=$

(10) $7\dfrac{1}{6}-6\dfrac{2}{6}=$

(11) $2\dfrac{3}{7}-1\dfrac{5}{7}=$

(12) $4\dfrac{1}{4}-2\dfrac{2}{4}=$

# まとめのテスト⓬

目ひょう時間 20分

学習した日　　　月　　　日

名前

とく点

／100点

1480
解説→201ページ

❶ 次の □ にあてはまる等号、不等号を書きましょう。

1つ7点【28点】

(1) $\dfrac{8}{7}$ □ $\dfrac{6}{7}$

(2) $\dfrac{8}{3}$ □ $2$

(3) $4\dfrac{5}{6}$ □ $\dfrac{29}{6}$

(4) $\dfrac{44}{8}$ □ $5\dfrac{6}{8}$

❷ 次の計算をしましょう。

1つ3点【36点】

(1) $\dfrac{3}{7}+\dfrac{2}{7}=$

(2) $\dfrac{5}{8}+\dfrac{2}{8}=$

(3) $\dfrac{4}{5}+\dfrac{1}{5}=$

(4) $\dfrac{3}{5}+\dfrac{4}{5}=$

(5) $\dfrac{1}{8}+2\dfrac{2}{8}=$

(6) $2\dfrac{1}{4}+1\dfrac{2}{4}=$

(7) $5\dfrac{4}{7}+1\dfrac{2}{7}=$

(8) $2\dfrac{3}{4}+1\dfrac{2}{4}=$

(9) $2\dfrac{2}{5}+\dfrac{3}{5}=$

(10) $2\dfrac{3}{4}+\dfrac{1}{4}=$

(11) $\dfrac{5}{6}+3\dfrac{2}{6}=$

(12) $4\dfrac{3}{7}+2\dfrac{4}{7}=$

❸ 次の計算をしましょう。

1つ3点【36点】

(1) $\dfrac{2}{4}-\dfrac{1}{4}=$

(2) $\dfrac{6}{8}-\dfrac{3}{8}=$

(3) $\dfrac{5}{2}-\dfrac{3}{2}=$

(4) $\dfrac{26}{4}-\dfrac{7}{4}=$

(5) $2\dfrac{5}{7}-\dfrac{3}{7}=$

(6) $5\dfrac{1}{4}-2\dfrac{1}{4}=$

(7) $3\dfrac{2}{5}-\dfrac{4}{5}=$

(8) $4\dfrac{2}{8}-2\dfrac{6}{8}=$

(9) $3-1\dfrac{4}{5}=$

(10) $7\dfrac{1}{6}-6\dfrac{2}{6}=$

(11) $2\dfrac{3}{7}-1\dfrac{5}{7}=$

(12) $4\dfrac{1}{4}-2\dfrac{2}{4}=$

# 81 そうふく習＋先取り ①

学習した日　　　　月　　　　日

名前

とく点　　／100点

1481
解説→201ページ

**❶** 次の □ にあてはまる数を書きましょう。　【12点】

(1) 2040億は、1億を □ に集めた数です。　(6点)

(2) 3兆2億900万は、1兆を □ こ、1億を □ こ、

100万を □ こあわせた数です。　(全部できて6点)

**❷** 次の筆算をしましょう。商は整数で求め、わり切れないときは、あまりを出しましょう。　1つ8点【48点】

(1)
$3\overline{)48}$

(2)
$9\overline{)522}$

(3)
$8\overline{)736}$

(4)
$6\overline{)92}$

(5)
$5\overline{)379}$

(6)
$4\overline{)303}$

**❸** 次の計算を筆算でしましょう。　1つ12点【24点】

(1) $0.27+1.6$

(2) $3-1.291$

**❹** 次の □ にあてはまる数を書きましょう。　【16点】

(1) $38692=10000×□+1000×□$
$+100×□+10×□+1×□$　(全部できて4点)

(2) $4.3=1×□+0.1×□$　(全部できて4点)

(3) $2.98=1×□+0.1×□+0.01×□$　(全部できて4点)

(4) $□=1×5+0.1×1+0.01×2$　(4点)

163

**81** そうふく習＋先取り ①

目ひょう時間 ⏱ **20分**

| 🖊 学習した日 | 月 | 日 | とく点 |
| 名前 | | | ／100点 |

1481
解説→201ページ

---

❶ 次の ☐ にあてはまる数を書きましょう。 【12点】

(1) 2040億は、1億を ☐ こ集めた数です。 (6点)

(2) 3兆2億900万は、1兆を ☐ こ、1億を ☐ こ、

100万を ☐ こあわせた数です。 (全部できて6点)

❷ 次の筆算をしましょう。商は整数で求め、わり切れないときは、あまりを出しましょう。 1つ8点【48点】

(1)
3 ) 4 8

(2)
9 ) 5 2 2

(3)
8 ) 7 3 6

(4)
6 ) 9 2

(5)
5 ) 3 7 9

(6)
4 ) 3 0 3

---

❸ 次の計算を筆算でしましょう。 1つ12点【24点】

(1) $0.27 + 1.6$

(2) $3 - 1.291$

❹ 次の ☐ にあてはまる数を書きましょう。 【16点】

(1) $38692 = 10000 × ☐ + 1000 × ☐$

$+ 100 × ☐ + 10 × ☐ + 1 × ☐$ (全部できて4点)

(2) $4.3 = 1 × ☐ + 0.1 × ☐$ (全部できて4点)

(3) $2.98 = 1 × ☐ + 0.1 × ☐ + 0.01 × ☐$ (全部できて4点)

(4) ☐ $= 1 × 5 + 0.1 × 1 + 0.01 × 2$ (4点)

**82** **そうふく習＋先取り ②**

目ひょう時間 🕐 **20**分

✎学習した日　　　月　　　日

名前

／100点

1482
解説→201ページ

**❶ 次の計算をしましょう。** 　　　　1つ6点【24点】

(1)　$81 \div (3+6) + 2 =$

(2)　$8 \times 5 - 25 \div 25 =$

(3)　$8 - 21 \div 7 \times 2 =$

(4)　$2 + (6+18) \div 6 =$

**❷ 次の計算の答えを、式の数を上から2けたのがい数にしてから求めましょう。** 　　　　1つ8点【16点】

(1)　$3152 + 5341$

　　　　　　　　　　　　　（　　　　　　　　）

(2)　$253142 - 135112$

　　　　　　　　　　　　　（　　　　　　　　）

**❸ 次の筆算をしましょう。** 　　　　1つ10点【30点】

(1)　　　$8.5$
　　　$\times\ 1\ 7$
　　―――――

(2)　　　$5.8$
　　　$\times\ 5\ 7$
　　―――――

(3)　　　$1.6\ 9$
　　　$\times\ \ \ 3\ 6$
　　―――――

**❹ しょうゆとソースがあります。ソースの量は600mL、しょうゆの量は2400mLのとき、ソースの量はしょうゆの量の何倍ありますか。** 　　　　【全部できて20点】

（式）



　　　　　　　　　　答え（　　　　　　　　）

**❺ 次の □ にあてはまる数を書きましょう。** 　　　　【全部できて10点】

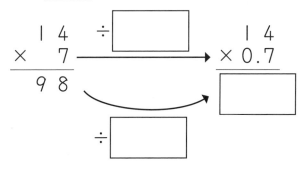

$14 \times 7 = 98$ です。7を □ でわると、0.7に

なります。

98を □ でわると、$14 \times 0.7$ の答えになるので、

$14 \times 0.7 =$ □ となります。

# 82 そうふく習＋先取り②

学習した日　　　月　　　日

名前

とく点 ／100点

1482
解説→201ページ

---

❶ 次の計算をしましょう。　　　1つ6点【24点】

(1) $81 \div (3+6) + 2 =$

(2) $8 \times 5 - 25 \div 25 =$

(3) $8 - 21 \div 7 \times 2 =$

(4) $2 + (6+18) \div 6 =$

❷ 次の計算の答えを、式の数を上から2けたのがい数にしてから求めましょう。　　　1つ8点【16点】

(1) $3152 + 5341$

（　　　　　　　　）

(2) $253142 - 135112$

（　　　　　　　　）

❸ 次の筆算をしましょう。　　　1つ10点【30点】

(1)
```
  8.5
× 1 7
```

(2)
```
  5.8
× 5 7
```

(3)
```
  1.6 9
×   3 6
```

---

❹ しょうゆとソースがあります。ソースの量は600mL、しょうゆの量は2400mLのとき、ソースの量はしょうゆの量の何倍ありますか。　　　【全部できて20点】

(式)

答え（　　　　　　　　）

❺ 次の ☐ にあてはまる数を書きましょう。　　　【全部できて10点】

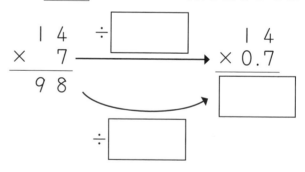

$14 \times 7 = 98$ です。7を ☐ でわると、0.7になります。

98を ☐ でわると、$14 \times 0.7$ の答えになるので、

$14 \times 0.7 = $ ☐ となります。

目ひょう時間  20分

学習した日　　月　　日　　とく点

名前

／100点

1483
解説→202ページ

❶ 次の筆算をしましょう。商は整数で求め、わり切れないときは、あまりを出しましょう。

1つ7点【21点】

(1)　$23\overline{)387}$

(2)　$4\overline{)49.5}$

(3)　$26\overline{)79.4}$

❷ 次の筆算をわり切れるまでしましょう。

1つ8点【24点】

(1)　$44\overline{)1.32}$

(2)　$8\overline{)49}$

(3)　$25\overline{)33}$

❸ 次の計算をしましょう。

1つ6点【48点】

(1)　$\dfrac{5}{9}+\dfrac{3}{9}=$

(2)　$\dfrac{10}{11}-\dfrac{7}{11}=$

(3)　$\dfrac{7}{5}+\dfrac{4}{5}=$

(4)　$\dfrac{17}{4}-\dfrac{14}{4}=$

(5)　$1\dfrac{5}{7}+2\dfrac{1}{7}=$

(6)　$2\dfrac{5}{6}-\dfrac{3}{6}=$

(7)　$2\dfrac{2}{3}+4\dfrac{1}{3}=$

(8)　$2-1\dfrac{2}{5}=$

❹ 下の数直線を見て、次の □ にあてはまる数を書きましょう。

【全部できて7点】

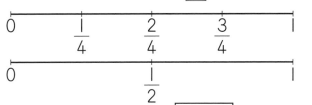

数直線を見ると、$\dfrac{1}{2}=\boxed{\phantom{00}}$ であることがわかるから、

$\dfrac{1}{2}+\dfrac{1}{4}=\boxed{\phantom{00}}+\dfrac{1}{4}=\boxed{\phantom{00}}$

# 83 そうふく習＋先取り③

目ひょう時間
⏱ 20分

学習した日　　　月　　　日
名前
とく点
／100点
1483
解説→202ページ

❶ 次の筆算をしましょう。商は整数で求め、わり切れないときは、あまりを出しましょう。

1つ7点【21点】

(1)
$$23\overline{)387}$$

(2)
$$4\overline{)49.5}$$

(3)
$$26\overline{)79.4}$$

❷ 次の筆算をわり切れるまでしましょう。

1つ8点【24点】

(1)
$$44\overline{)1.32}$$

(2)
$$8\overline{)49}$$

(3)
$$25\overline{)33}$$

❸ 次の計算をしましょう。

1つ6点【48点】

(1) $\dfrac{5}{9} + \dfrac{3}{9} =$

(2) $\dfrac{10}{11} - \dfrac{7}{11} =$

(3) $\dfrac{7}{5} + \dfrac{4}{5} =$

(4) $\dfrac{17}{4} - \dfrac{14}{4} =$

(5) $1\dfrac{5}{7} + 2\dfrac{1}{7} =$

(6) $2\dfrac{5}{6} - \dfrac{3}{6} =$

(7) $2\dfrac{2}{3} + 4\dfrac{1}{3} =$

(8) $2 - 1\dfrac{2}{5} =$

❹ 下の数直線を見て、次の □ にあてはまる数を書きましょう。

【全部できて7点】

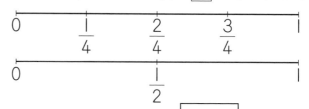

数直線を見ると、$\dfrac{1}{2} = \boxed{\phantom{0}}$ であることがわかるから、

$\dfrac{1}{2} + \dfrac{1}{4} = \boxed{\phantom{0}} + \dfrac{1}{4} = \boxed{\phantom{0}}$

# 計算ギガドリル　小学**4**年
# 答え

わからなかった問題は、🔊 **ポイント**の解説を
よく読んで、確認してください。

---

## **1** 大きな数の計算①     3ページ

❶ (1) 4200 　　(2) 52120
(3) 7265720 　　(4) 43200
(5) 621300 　　(6) 38
(7) 6300
❷ (1) 6000万 　　(2) 6億
(3) 60万
❸ (1) 200万 　　(2) 6720万
(3) 6億3000万 　　(4) 5兆
(5) 30万 　　(6) 3億2000万

🔄 (1) 352 　　(2) 273

まちがえたら、とき直しましょう。

🔊 **ポイント**
❶(1) 10倍すると、位が1つ上がります。
(4) 100倍すると、位が2つ上がります。
(6) 10でわるときは、位が1つ下がります。
❷大きな数は、4けたずつ区切って、万、億、兆を
つけます。
(2) 100倍したとき、4けたをこえるので、4けた
で区切って、億をつけます。
❸(6) 32÷10がわり切れないので、32億→
320000万としてから0を1つとります。右から
4けたずつ区切って、答えは3億2000万です。

---

位をそろえて計算することが、まちがえないポ
イントです。

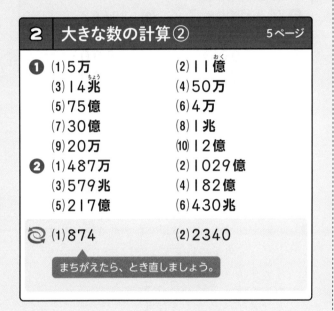

(1)    32
   ×11
   ――
    32
   32
   ――
  352

(2)    21
   ×13
   ――
    63
   21
   ――
  273

## **2** 大きな数の計算②     5ページ

❶ (1) 5万 　　(2) 11億
(3) 14兆 　　(4) 50万
(5) 75億 　　(6) 4万
(7) 30億 　　(8) 1兆
(9) 20万 　　(10) 12億
❷ (1) 487万 　　(2) 1029億
(3) 579兆 　　(4) 182億
(5) 217億 　　(6) 430兆

🔄 (1) 874 　　(2) 2340

まちがえたら、とき直しましょう。

🔊 **ポイント**
❶大きな数のたし算やひき算は位をそろえて計算
することができます。
(1) 2+3=5だから、2万＋3万＝5万
(2) 7+4=11だから、7億＋4億＝11億
(3) 9+5=14だから、9兆＋5兆＝14兆
❷大きな数のたし算やひき算は位をそろえて計算
することができます。

---

🔄 くり上がりに気をつけましょう。

(1)    38
   ×23
   ――
  114
  76
  ――
  874

(2)    45
   ×52
   ――
   90
  225
  ――
2340

## **3** 大きな数の計算③     7ページ

❶ (上から順に) 100、100、100、100、
10000、320000
❷ (1) 1億 　　(2) 1兆
❸ (1) 36万 　　(2) 32万
(3) 6億 　　(4) 40億
(5) 16億 　　(6) 27兆
(7) 120億 　　(8) 77兆
(9) 155兆 　　(10) 276兆

🔄 (1) 5 　　(2) 6
(3) 2 　　(4) 11

まちがえたら、とき直しましょう。

🔊 **ポイント**
❶100×100＝10000だから、400×800は、
4×8の10000倍です。
❷(1) 1万倍すると、位が4つ上がるので

| 千 | 百 | 十 | 一 | 千 | 百 | 十 | 一 | 千 | 百 | 十 | 一 |
|---|---|---|---|---|---|---|---|---|---|---|---|
| | | | 億 | | | | 1万 | | | | |

×1万倍

1万×1万＝1億となります。

## Left column

(2) 1万倍すると、位が4つ上がるので

| 千 | 百 | 十 | 一 | 千 | 百 | 十 | 一 | 千 | 百 | 十 | 一 | 千 | 百 | 十 | 一 |
|---|---|---|---|---|---|---|---|---|---|---|---|---|---|---|---|
|  | 兆 |  |  |  |  | 1億 |  |  |  | 万 |  |  |  |  |  |

×1万倍

1億×1万＝1兆となります。

❸(1)12×3＝36だから、12万×3＝36万
(3)1万×1万＝1億だから、2万×3万＝6億
(6)1億×1万＝1兆だから、9億×3万＝27兆
(9)1万×1億＝1兆です。

次のような図に表してみると、どのように計算したらよいかイメージができます。

(1)
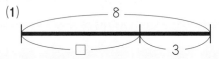

□に入る数は、全体の8から3をひけば求められるので、□＝8-3　□＝5
(2)□＝18-12　□＝6
(3)□＝9-7　□＝2
(4)□＝27-16　□＝11

## Middle column

### 4　大きな数の計算④　9ページ

❶(1)31369　(2)37851
(3)338912　(4)44254
(5)163382　(6)197470
(7)380562　(8)556598
(9)375844

❷(1)203008　(2)139668
(3)287640

❸
```
   4500          4500
 ×  30         ×  30
135000        135000
```

(1)7　(2)6　(3)15　(4)12

> まちがえたら、とき直しましょう。

#### ◁)) ポイント

❶けた数がふえても、筆算のしかたは変わりません。くり上がりに気をつけましょう。

```
(1)   247    (4)     58
    ×127         ×763
    1729          174
     494          348
     247          406
   31369        44254
```

❷(1)(2)かける数の十の位が0なので、計算を省くことができます。どんな数に0をかけても0です。

```
(1)    976  (2)    452  (3)    612
     ×208       ×309       ×470
     7808       4068      42840
     1952       1356       2448
   203008     139668     287640
```

❸0を省りゃくした45×3をまず計算して、その計算結果の右に省りゃくした0を3つ書きます。

## Right column

❷(1)□＝16-9　□＝7
(2)□＝18-12　□＝6
(3)□＝21-6　□＝15
(4)□＝51-39　□＝12

### 5　まとめのテスト❶　11ページ

❶(1)470万　(2)36兆
(3)5億　(4)3000億
(5)36億

❷(1)384万　(2)384億
(3)384兆　(4)384兆

❸(1)161304　(2)101220
(3)84597　(4)259082
(5)136752　(6)66015

❹
```
   2600          2600
 ×  50         ×  50
130000        130000
```

#### ◁)) ポイント

❶(1)10倍すると、位が1つ上がります。
(4)わる数が100のとき、位が2つ下がるので下の表のようになります。

| 千 | 百 | 十 | 一 | 千 | 百 | 十 | 一 | 千 | 百 | 十 | 一 | 千 | 百 | 十 | 一 |
|---|---|---|---|---|---|---|---|---|---|---|---|---|---|---|---|
|  | 3 | 兆 |  |  |  |  | 億 |  |  | 万 |  |  |  |  |  |

÷100

(5)1万×1万＝1億です。

❷(1)100×100＝1万だから、1600×2400＝384×1万＝384万です。
(3)1億×1万＝1兆です。

❸けた数がふえても、筆算のしかたは変わりません。くり上がりに気をつけましょう。

❹0を省りゃくした26×5をまず計算して、その計算結果の右に省りゃくした0を3つ書きます。

## 6　1けたの数でわるわり算①　13ページ

❶ (1) 30　(2) 10
　(3) 30　(4) 20
　(5) 20　(6) 10
　(7) 10　(8) 40
　(9) 10　(10) 20

❷ (1) 200　(2) 100
　(3) 400　(4) 200
　(5) 100　(6) 200
　(7) 100　(8) 300

❸ (1) 40　(2) 90
　(3) 50　(4) 60
　(5) 20　(6) 60
　(7) 50　(8) 50
　(9) 80　(10) 50

↻ (1) 4　(2) 17
　(3) 22　(4) 60

> まちがえたら、とき直しましょう。

🔊 **ポイント**

❶ 10をもとにして10のかたまりがいくつあるのか考えます。
(1) 60は10が6こです。これを2等分すると、6÷2＝3つまり、10が3こずつになります。このことから、60÷2＝30

❷ 100をもとにして100のかたまりがいくつあるのか考えます。
(1) 400は100が4こです。これを2等分すると、4÷2＝2つまり、100が2こずつになります。このことから、400÷2＝200

❸ 10をもとにして10のかたまりがいくつあるのか考えます。
(1) 160は10が16こです。これを4等分すると、16÷4＝4つまり、10が4こずつになります。このことから、160÷4＝40

↻ (1) □＝6−2　□＝4
(2) □＝55−38　□＝17
(3) □＝39−17　□＝22
(4) □＝32＋28　□＝60

## 7　1けたの数でわるわり算②　15ページ

❶ (上から順に) 1、2、2、8、9、18

❷ (1) 13　(2) 32
　(3) 19　(4) 13
　(5) 37　(6) 16

↻ (1) 4　(2) 4
　(3) 17　(4) 24

> まちがえたら、とき直しましょう。

🔊 **ポイント**

❶ わり算の筆算のしかたをたしかめます。十の位から、順を追ってていねいに計算しましょう。

❷ 筆算は商の見当をつけて、その数字をわられる数の上に書きます。十の位から順に計算しましょう。
(1) 6÷5＝1あまり1は十の位、15÷5＝3は一の位の計算になります。

```
   13
5)65
  5
  15
  15
   0
```

(2) ①6÷2の商3を、6の上にたてます。
②わる数の2と商3をかけます。
③6から6をひきます。
　6−6＝0となります。
　次におろす数があるときは、その0は筆算に書きません。
④一の位の4をおろします。
⑤4÷2の商2を、4の上にたてます。
⑥わる数の2と商2をかけます。
⑦4から4をひきます。
⑧おろすものがなくなったら終わりです。

```
   32
2)64
  6
   4
   4
   0
```

↻ (1) □＝7−3　□＝4
(2) □＝27−23　□＝4
(3) □＝36−19　□＝17
(4) □＝62−38　□＝24

## 8 1けたの数でわるわり算③ 17ページ

❶ (1)16　(2)19
(3)16　(4)12
(5)28　(6)23
(7)35　(8)25
(9)49

❷ (1)筆算…

$$
\begin{array}{r}
14 \\
5\overline{)70} \\
5 \\
\hline
20 \\
20 \\
\hline
0
\end{array}
$$

けん算…5×14=70

(2)筆算…

$$
\begin{array}{r}
24 \\
4\overline{)96} \\
8 \\
\hline
16 \\
16 \\
\hline
0
\end{array}
$$

けん算…4×24=96

🔁 (1)2　(2)7

> まちがえたら、とき直しましょう。

### 🔊 ポイント
❶十の位から順に計算しましょう。
❷「わる数×商＝わられる数」
にあてはめることで、答えがあっているかたしかめることができます。
(1)わる数は5、商は14だから、
5×14＝70となり、わられる数と同じ数になっているので、計算した答えがあっていることがわかります。
🔁(1)□＝6÷3　□＝2
(2)□＝63÷9　□＝7

## 9 1けたの数でわるわり算④ 19ページ

❶ (1)11　(2)12
(3)13　(4)22
(5)21　(6)34
(7)29　(8)14
(9)14　(10)12
(11)19　(12)12
(13)27　(14)10
(15)15　(16)12
(17)15　(18)12
(19)16　(20)19

🔁 (1)5　(2)4
(3)8　(4)7

> まちがえたら、とき直しましょう。

### 🔊 ポイント
❶十の位から順に計算しましょう。

(1)
$$
\begin{array}{r}
11 \\
5\overline{)55} \\
5 \\
\hline
5 \\
5 \\
\hline
0
\end{array}
$$

(2)
$$
\begin{array}{r}
12 \\
2\overline{)24} \\
2 \\
\hline
4 \\
4 \\
\hline
0
\end{array}
$$

(3)
$$
\begin{array}{r}
13 \\
3\overline{)39} \\
3 \\
\hline
9 \\
9 \\
\hline
0
\end{array}
$$

0は書きません

(4)
$$
\begin{array}{r}
22 \\
3\overline{)66} \\
6 \\
\hline
6 \\
6 \\
\hline
0
\end{array}
$$

(5)
$$
\begin{array}{r}
21 \\
4\overline{)84} \\
8 \\
\hline
4 \\
4 \\
\hline
0
\end{array}
$$

(6)
$$
\begin{array}{r}
34 \\
2\overline{)68} \\
6 \\
\hline
8 \\
8 \\
\hline
0
\end{array}
$$

0は書きません

(7)
$$
\begin{array}{r}
29 \\
3\overline{)87} \\
6 \\
\hline
27 \\
27 \\
\hline
0
\end{array}
$$

(8)
$$
\begin{array}{r}
14 \\
7\overline{)98} \\
7 \\
\hline
28 \\
28 \\
\hline
0
\end{array}
$$

(9)
$$
\begin{array}{r}
14 \\
6\overline{)84} \\
6 \\
\hline
24 \\
24 \\
\hline
0
\end{array}
$$

🔁(1)□＝15÷3　□＝5
(2)□＝28÷7　□＝4
(3)□＝72÷9　□＝8
(4)□＝56÷8　□＝7

## 10 1けたの数でわるわり算⑤ 21ページ

❶ (1)23あまり1　(2)14あまり3
(3)37あまり1　(4)19あまり1
(5)11あまり3　(6)14あまり2
(7)13あまり3　(8)12あまり4
(9)26あまり1　(10)15あまり4
(11)17あまり2　(12)46あまり1
(13)13あまり4　(14)17あまり1
(15)11あまり4　(16)16あまり1
(17)11あまり6　(18)20あまり2
(19)12あまり1　(20)39あまり1

🔁 (1)35　(2)16
(3)18　(4)36

> まちがえたら、とき直しましょう。

◁)) **ポイント**

❶あまりがわる数より小さくなっていることをた
しかめましょう。

(1)
```
    23
  2)47
    4
    7
    6
    1
```
(2)
```
    14
  5)73
    5
    23
    20
    3
```
(3)
```
    37
  2)75
    6
    15
    14
    1
```
(4)
```
    19
  4)77
    4
    37
    36
    1
```
(5)
```
    11
  8)91
    8
    11
    8
    3
```
(6)
```
    14
  3)44
    3
    14
    12
    2
```

◎(1)□＝5×7  □＝35

(2)□＝8×2  □＝16

(3)□＝3×6  □＝18

(4)□＝4×9  □＝36

---

**11** | **1けたの数でわるわり算⑥** 23ページ

❶ (1)21あまり1 　(2)11あまり3
　(3)12あまり2 　(4)31あまり2
　(5)11あまり3 　(6)12あまり2
　(7)10あまり7 　(8)12あまり1
　(9)16あまり3 　(10)43あまり1
　(11)12あまり1 　(12)11あまり6
　(13)10あまり2 　(14)14あまり4
　(15)14あまり1 　(16)14あまり1
　(17)23あまり2 　(18)11あまり1
　(19)10あまり4 　(20)10あまり2

◎ (1)7 　　　　(2)2
　(3)9 　　　　(4)3

まちがえたら、とき直しましょう。

◁)) **ポイント**

❶あまりがわる数より小さくなっていることをた
しかめましょう。

(1)
```
    21
  2)43
    4
    3
    2
    1
```
(2)
```
    11
  6)69
    6
    9
    6
    3
```
(3)
```
    12
  8)98
    8
    18
    16
    2
```

(7)(13)商に0がたつときは、下のようにとちゅうの
計算を省くことができます。

(7)
```
    10
  9)97
    9
    7
    0
    7
```
→
```
    10
  9)97
    9
    7
```
(13)
```
    10
  5)52
    5
    2
```

---

◎(1)□＝63÷9  □＝7

(2)□＝8÷4  □＝2

(3)□＝45÷5  □＝9

(4)□＝24÷8  □＝3

**12** | **1けたの数でわるわり算⑦** 25ページ

❶ (1)231 　　(2)184
　(3)113 　　(4)124
　(5)117 　　(6)113
❷ (1)106 　　(2)209
　(3)105 　　(4)109
　(5)107 　　(6)107

◎ (1)1200万 　(2)12万

まちがえたら、とき直しましょう。

◁)) **ポイント**

❶わられる数が3けたになっても、わり算のしか
たはわられる数が2けたのときと変わりません。

(1)
```
    231
  2)462
    4
    6
    6
    2
    2
    0
```
(2)
```
    184
  3)552
    3
    25
    24
    12
    12
    0
```
(3)
```
    113
  6)678
    6
    7
    6
    18
    18
    0
```

173

❷商に0がたつときは、次のようにとちゅうの計算を省くことができます。

| (1) | (2) | (3) |
|---|---|---|
| $\begin{array}{r} 106 \\ 4\overline{)424} \\ 4\phantom{24} \\ \hline 24 \\ 24 \\ \hline 0 \end{array}$ | $\begin{array}{r} 209 \\ 3\overline{)627} \\ 6\phantom{27} \\ \hline 27 \\ 27 \\ \hline 0 \end{array}$ | $\begin{array}{r} 105 \\ 8\overline{)840} \\ 8\phantom{40} \\ \hline 40 \\ 40 \\ \hline 0 \end{array}$ |

(1)10倍すると、位が1つ上がります。

(2)$\frac{1}{10}$にすると、位が1つ下がります。

---

## 13 1けたの数でわるわり算⑧　27ページ

❶ (1)256あまり1　(2)468あまり1
(3)163あまり2　(4)116あまり2
(5)165あまり4　(6)124あまり3

❷ (1)107あまり4　(2)405あまり1
(3)104あまり1　(4)107あまり1
(5)209あまり2　(6)120あまり2

(1)12億　(2)6兆

まちがえたら、とき直しましょう。

### ポイント

❶百の位から順に計算しましょう。

| (1) | (2) | (3) |
|---|---|---|
| $\begin{array}{r} 256 \\ 3\overline{)769} \\ 6\phantom{00} \\ \hline 16 \\ 15 \\ \hline 19 \\ 18 \\ \hline 1 \end{array}$ | $\begin{array}{r} 468 \\ 2\overline{)937} \\ 8\phantom{00} \\ \hline 13 \\ 12 \\ \hline 17 \\ 16 \\ \hline 1 \end{array}$ | $\begin{array}{r} 163 \\ 4\overline{)654} \\ 4\phantom{00} \\ \hline 25 \\ 24 \\ \hline 14 \\ 12 \\ \hline 2 \end{array}$ |

❷商に0がたつときは、とちゅうの計算を省くことができます。

大きな数のたし算やひき算は位をそろえて計算することができます。
(1)4+8=12だから、4億＋8億＝12億
(2)15−9=6だから、15兆−9兆=6兆

---

## 14 1けたの数でわるわり算⑨　29ページ

❶ ④

❷ (1)30　(2)30　(3)90　(4)70
(5)40　(6)60　(7)40　(8)50
(9)40

❸ (1)25　(2)32　(3)43　(4)83
(5)96　(6)79

(1)54兆　(2)110億

まちがえたら、とき直しましょう。

### ポイント

❶百の位の計算をします。
⑦7÷7=1
④2÷3→われません
⑦8÷6=1あまり2
④は百の位に商がたたなかったので、次の位(十の位)までふくめた数で計算をします。
26÷3=8あまり2
だから、十の位から商がたつのは④です。

❷はじめの位に商がたたないときは、次の位までふくめた数で計算しましょう。また商に0がたつときは、とちゅうの計算を省くことができます。
(1)15÷5=3は十の位の計算になります。

$\begin{array}{r} 30 \\ 5\overline{)150} \\ 15\phantom{0} \\ \hline 0 \end{array}$

❸百の位に商がたたないときは、十の位まで考えて、十の位に商をたてます。

1億×1万＝1兆、1万×1万＝1億となります。
(1)9×6=54だから、9億×6万＝54兆
(2)22×5=110だから、22万×5万＝110億

## 15 1けたの数でわるわり算⑩　31ページ

**❶**
(1) 58あまり4　　(2) 42あまり5
(3) 97あまり3　　(4) 67あまり3
(5) 63あまり1　　(6) 41あまり2
(7) 34あまり4　　(8) 71あまり8
(9) 54あまり3

**❷**
(1)
```
    65
8)526
  48
  46
  40
   6
```
(2)
```
    93
7)657
  63
  27
  21
   6
```

**🔁** (1) 109664　　(2) 221100

> まちがえたら、とき直しましょう。

**◁))ポイント**

**❶** 百の位に商がたたないので、十の位までふくめた数で考えて、十の位に商をたてましょう。

(1)
```
    58
8)468
  40
  68
  64
   4
```
(2)
```
    42
6)257
  24
  17
  12
   5
```
(3)
```
    97
4)391
  36
  31
  28
   3
```

**❷** 商をたてる位置に気をつけて書きましょう。

**🔁** けた数がふえても、筆算のしかたは変わりません。くり上がりに気をつけましょう。

## 16 まとめのテスト❷　33ページ

**❶**
(1) 10　　(2) 100
(3) 30　　(4) 80

**❷**
(1) 12　　(2) 31
(3) 12あまり1　　(4) 14あまり2
(5) 8あまり2　　(6) 124
(7) 114　　(8) 263
(9) 74あまり3　　(10) 204
(11) 64　　(12) 46あまり8

**❸** 式…72÷6=12　答え…12こ

**◁))ポイント**

**❶** 10や100のかたまりがいくつあるのか考えます。
(1) 70は10が7こです。これを7等分すると、7÷7=1つまり、10が1こずつになります。
(2) 300は100が3こです。これを3等分すると、3÷3=1つまり、100が1こずつになります。
(3) 270は10が27こです。これを9等分すると、27÷9=3つまり、10が3こずつになります。

**❷** あまりがわる数より小さくなっていることをたしかめましょう。

(5)
```
     8
6)50
  48
   2
```
十の位に商がたたないときは、一の位まで考えて、一の位に商をたてます。

**❸** 全部のこ数÷人数＝1人分のこ数です。
```
   12
6)72
  6
  12
  12
   0
```

## 17 まとめのテスト❸　35ページ

**❶**
(1) 14　　(2) 14あまり1
(3) 18あまり2　　(4) 46
(5) 19　　(6) 19あまり1

**❷**
(1) 70　　(2) 50あまり4
(3) 60あまり1

**❸**
(1) 306　　(2) 208あまり1
(3) 108あまり4

**❹**
(1)
```
    65
9)585
  54
  45
  45
   0
```
(2)
```
    93
8)747
  72
  27
  24
   3
```

**◁))ポイント**

**❶** 十の位から順に計算しましょう。

**❷** 百の位に商がたたないので、十の位までふくめた数で考えて、十の位に商をたてましょう。

**❸** 商に0がたつときは、下のようにとちゅうの計算を省くことができます。

(1)
```
    306
3)918
  9
  18
  18
   0
```
(2)
```
    208
2)417
  4
  17
  16
   1
```
(3)
```
    108
5)544
  5
  44
  40
   4
```

**❹** 百の位に商がたたないので、十の位までふくめた数で考えて、十の位に商をたてましょう。

❶
(1) 0.9　　　　(2) 0.96
(3) 1.52　　　(4) 5.33
(5) 9.89　　　(6) 10.54
(7) 12.85　　 (8) 6.78
(9) 5.8　　　 (10) 7.49
(11) 15.3　　 (12) 7.04

❷
(1)　　1.6
　　 + 2.5
　　　4.1

(2)　　2.12
　　 + 3.46
　　　5.58

(3)　　5.29
　　 + 4.48
　　　9.77

(4)　　3.37
　　 + 0.13
　　　3.50

🔁
(1) 10　　　(2) 20
(3) 300　　(4) 300
(5) 80　　 (6) 40

まちがえたら、とき直しましょう。

🔊 ポイント
❶整数のたし算の筆算と同じように計算します。
和の小数点は、上の小数点にそろえてつけましょう。
(1)　0.3　　(2)　0.25　　(3)　0.89
　 + 0.6　　　 + 0.71　　　 + 0.63
　　0.9　　　　0.96　　　　1.52
(9)計算した結果、小数点以下で最　　　3.62
後の数が0になるときは、その0　　　+ 2.18
は消して答えます。　　　　　　　　　5.80
❷小数点の位置をそろえてかきます。
🔁10や100のかたまりがいくつあるのか考えます。

---

❶
(1) 0.43　　　(2) 1.18
(3) 0.13　　　(4) 0.51
(5) 0.11　　　(6) 0.22
(7) 1.61　　　(8) 4.09
(9) 2.69　　　(10) 3.06
(11) 2.28　　 (12) 0.03

❷
(1)　　0.8
　　 - 0.3
　　　0.5

(2)　　7.84
　　 - 6.51
　　　1.33

(3)　　4.76
　　 - 1.88
　　　2.88

(4)　　2.91
　　 - 1.83
　　　1.08

🔁
(1) 28　　　(2) 14
(3) 18

まちがえたら、とき直しましょう。

🔊 ポイント
❶整数のひき算の筆算と同じように計算します。
差の小数点は、上の小数点にそろえてつけましょう。
くり下がりに気をつけましょう。
(1)　0.68　　(2)　3.89　　(3)　4.25
　 - 0.25　　　 - 2.71　　　 - 4.12
　　0.43　　　　1.18　　　　0.13
(4)　0.72　　(5)　5.12　　(6)　0.49
　 - 0.21　　　 - 5.01　　　 - 0.27
　　0.51　　　　0.11　　　　0.22
❷小数点の位置をそろえてかきます。
🔁十の位から順に計算します。

---

❶
(1) 0.98　　　(2) 0.778
(3) 1.131　　 (4) 0.946
(5) 1.11　　　(6) 1.464
(7) 7.913　　 (8) 6.619
(9) 7.545　　 (10) 12.71
(11) 13.87　　(12) 15.441

❷
(1)　　0.976
　　 + 0.713
　　　1.689

(2)　　3.281
　　 + 5.612
　　　8.893

(3)　　0.785
　　 + 1.291
　　　2.076

(4)　　7.712
　　 + 2.158
　　　9.870

🔁
(1) 14あまり2　　(2) 16あまり1
(3) 36あまり1

まちがえたら、とき直しましょう。

🔊 ポイント
❶けた数がふえても、筆算のしかたは変わりません。
整数のたし算の筆算と同じように計算します。和
の小数点は、上の小数点にそろえてつけましょう。
(1)　0.26　　(2)　0.584　　(3)　0.292
　 + 0.72　　　 + 0.194　　　 + 0.839
　　0.98　　　　0.778　　　　1.131
❷小数点の位置をそろえてかきます。
🔁あまりがわる数より小さくなっていることをた
しかめましょう。

## 21 小数の計算④

❶ (1) 0.412　(2) 2.101
(3) 0.298　(4) 1.371
(5) 1.738　(6) 0.614
(7) 0.347　(8) 0.328
(9) 2.288　(10) 2.587
(11) 4.032　(12) 0.999

❷ (1)
```
  8.326
 -0.931
  7.395
```
(2)
```
  4.461
 -4.427
  0.034
```
(3)
```
  6.978
 -4.311
  2.667
```
(4)
```
  0.176
 -0.048
  0.128
```

🔁 (1) 102　(2) 283
(3) 184

> まちがえたら、とき直しましょう。

🔊 **ポイント**

❶ けた数がふえても、筆算のしかたは変わりません。整数のひき算の筆算と同じように計算します。差の小数点は、上の小数点にそろえてつけましょう。
(1)
```
  0.793
 -0.381
  0.412
```
(2)
```
  5.726
 -3.625
  2.101
```
(3)
```
  0.869
 -0.571
  0.298
```
❷ 小数点の位置をそろえてかきます。
🔁 商に0がたつときは、とちゅうの計算を省くことができます。

## 22 小数の計算⑤

❶ (1) 0.73　(2) 0.68
(3) 0.897　(4) 1.316
(5) 10.8　(6) 1.581
(7) 4.734　(8) 11.786
(9) 14.363　(10) 15.278
(11) 12.269　(12) 8.614

❷ (1)
```
  0.161
 +0.217
  0.378
```
(2)
```
  1
 +5.42
  6.42
```
(3)
```
  0.78
 +3.297
  4.077
```
(4)
```
  7.712
 +2.15
  9.862
```

🔁 (1) 124 あまり 5　(2) 239 あまり 2
(3) 196 あまり 1

> まちがえたら、とき直しましょう。

🔊 **ポイント**

❶ 小数点の位置をそろえて計算します。
(1) 0.1を0.10と考えて計算します。
```
  0.63
 +0.1
  0.73
```
(7) 4を4.000と考えて計算します。
```
  4
 +0.734
  4.734
```
❷ 小数点の位置をそろえてかきます。
🔁 百の位から順に計算します。

## 23 小数の計算⑥

❶ (1) 5.95　(2) 4.68
(3) 9.079　(4) 0.263
(5) 0.905　(6) 1.154
(7) 3.126　(8) 1.032
(9) 0.34　(10) 3.495
(11) 0.289　(12) 0.955

❷ (1)
```
  0.832
 -0.41
  0.422
```
(2)
```
  0.9
 -0.252
  0.648
```
(3)
```
  5.13
 -2.718
  2.412
```
(4)
```
  1
 -0.52
  0.48
```

🔁 (1) 69　(2) 79 あまり 6
(3) 93

> まちがえたら、とき直しましょう。

🔊 **ポイント**

❶ 小数点の位置をそろえて計算します。
(4) 0.6を0.600と考えて計算します。
```
  0.6
 -0.337
  0.263
```
(9) 7を7.00と考えて計算します。
```
  7
 -6.66
  0.34
```
❷ 小数点の位置をそろえてかきます。
(4) 1を1.00と考えて計算します。
🔁 百の位に商がたたないときは、十の位まで考えて、十の位に商をたてます。

## 24 まとめのテスト❹　49ページ

❶ (1) 7.38　(2) 8.24
(3) 5.38　(4) 0.776
(5) 0.802　(6) 12.78
(7) 1.663　(8) 9.451
(9) 1.74　(10) 3.451
(11) 9.878　(12) 2.277

❷ (1)　　0.26
　　　 ＋0.43
　　　　0.69

(2)　　0.725
　　　＋0.275
　　　 1.000

(3)　　5.613
　　　−3.607
　　　 2.006

(4)　　3.7
　　　＋0.28
　　　 3.98

❸ 式…1.7−0.28＝1.42　答え…1.42L

### ◁》 ポイント

❶ 小数点の位置をそろえて計算します。
(9) 3を3.00と考えて計算します。

　　　　3
　　 −1.26
　　　1.74

❷ 小数点の位置をそろえてかきます。
(2) 計算した結果、小数点以下で最後の数が0になるときは、その0は消して答えます。

　　0.725
　＋0.275
　 1.000

❸ 全体の水の量から、飲む水の量をひいて求めます。
小数点の位置に気をつけて計算しましょう。

## 25 パズル①　51ページ

❶ (1) ㋐3万　㋑4万
　　 ㋒9万　㋓6万
　　 ㋔7万
(2) ㋐2.8　㋑4.4
　　 ㋒1.8　㋓1.6
　　 ㋔3.2

### ◁》 ポイント

❶(1) ななめの3つの数の和が8万＋5万＋2万
＝15万
たて、横、ななめの3つの数の和がどれも等しいので、横の3つの数の和が15万。
1万＋5万＋㋒＝15万　㋒＝9万
(2) 横の3つの数の和が2＋3＋4＝9
たて、横、ななめの3つの数の和がどれも等しいので、たての3つの数の和が9。
㋐＋2＋4.2＝9
㋐＋6.2＝9　㋐＝9−6.2
㋐＝2.8

## 26 2けたの数でわるわり算①　53ページ

❶ (上から順に) 3、2、3、20、3、20

❷ (1) 3　(2) 2
(3) 5　(4) 6
(5) 9　(6) 9
(7) 7　(8) 3

❸ (1) 3あまり10　(2) 3あまり20
(3) 7あまり10　(4) 4あまり30
(5) 7あまり40　(6) 4あまり20

🔄 (1) 0.69　(2) 6.89
(3) 1.31

まちがえたら、とき直しましょう。

### ◁》 ポイント

❶ 110÷30＝3あまり2としないように注意しましょう。
❷(1) 60÷20の商は、10をもとにして、6÷2の計算で求められます。

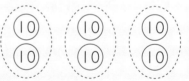

❸(1) 10をもとにすると、10÷3＝3あまり1だから、10が1こあまります。つまり、100÷30＝3あまり10となります。
100÷30＝3あまり1としないように注意しましょう。
🔄 整数のたし算の筆算と同じように計算します。
和の小数点は、上の小数点にそろえてつけましょう。

❶ (1) 4　　　　(2) 3
　 (3) 2　　　　(4) 1
　 (5) 2　　　　(6) 3
　 (7) 5　　　　(8) 2
　 (9) 4　　　　(10) 4
　 (11) 2　　　　(12) 1
　 (13) 6　　　　(14) 6
　 (15) 2　　　　(16) 3
　 (17) 4　　　　(18) 3

🔄 (1) 9.6　　　(2) 1.58
　 (3) 7.34

> まちがえたら、とき直しましょう。

🔊 **ポイント**

❶(1) 44を40、11を10とみて、40÷10から商の見当をつけましょう。
(5) 56を50、28を20とみて、50÷20であまりがでますが、あまりがないときと同じように商をたてましょう。
(7) 75を80、15を20とみて、80÷20から商の見当を4とすると、あまりは15となり、わる数と同じになっているので、商の見当が小さすぎたことがわかります。商の見当が小さすぎたときは、商を1大きくして計算し直します。

(13) 78を70、13を10とみて、70÷10から商の見当を7とすると、次のようになり、ひけません。

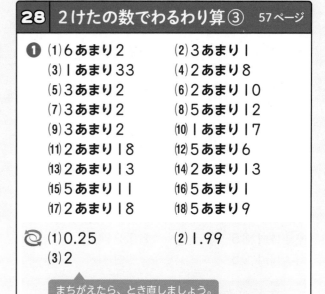

商の見当が大きすぎたので、商を1小さくして、計算しなおします。

🔄 整数のたし算の筆算と同じように計算します。

---

❶ (1) 6あまり2　　　(2) 3あまり1
　 (3) 1あまり33　　(4) 2あまり8
　 (5) 3あまり2　　　(6) 2あまり10
　 (7) 3あまり2　　　(8) 5あまり12
　 (9) 3あまり2　　　(10) 1あまり17
　 (11) 2あまり18　　(12) 5あまり6
　 (13) 2あまり13　　(14) 2あまり13
　 (15) 5あまり11　　(16) 5あまり1
　 (17) 2あまり18　　(18) 5あまり9

🔄 (1) 0.25　　　(2) 1.99
　 (3) 2

> まちがえたら、とき直しましょう。

🔊 **ポイント**

❶ あまりはわる数より小さくなります。最後にあまりがわる数より小さくなっていることをたしかめましょう。もし、商の見当が小さすぎたときは、商を1大きくして計算し直し、商の見当が大きすぎたときは、商を1小さくして、計算し直します。

(1)
```
    6
11)68
  66
   2
```
(2)
```
    3
23)70
  69
   1
```
(3)
```
    1
47)80
  47
  33
```
(4)
```
    2
38)84
  76
   8
```
(5)
```
    3
22)68
  66
   2
```
(6)
```
    2
32)74
  64
  10
```

🔄 整数のひき算の筆算と同じように計算します。差の小数点は、上の小数点にそろえてつけましょう。

❶ (1) 3　(2) 2
(3) 8　(4) 6
(5) 5　(6) 9
(7) 8　(8) 6
(9) 4　(10) 6
(11) 7　(12) 7
(13) 7　(14) 4
(15) 7　(16) 8
(17) 3　(18) 9

🔄 (1) 1.85　(2) 5.21
(3) 1.05

まちがえたら、とき直しましょう。

🔊 **ポイント**
❶(1) 18÷62だから、十の位に商はたちません。
186÷62で、一の位に商3をたてます。

$$\begin{array}{r}3\\62\overline{)186}\\\underline{186}\\0\end{array}$$

62×3＝186　186−186＝0
(2) 14÷73だから、十の位に商はたちません。
146÷73で、一の位に商2をたてます。

$$\begin{array}{r}2\\73\overline{)146}\\\underline{146}\\0\end{array}$$

73×2＝146　146−146＝0

(7) 15÷19だから、十の位に商はたちません。
152÷19で、一の位に商9と見当をつけると、
19×9＝171はひけないので、商を1小さくして
計算し直します。

ひけない

🔄 整数のひき算の筆算と同じように計算します。

❶ (1) 3あまり1　(2) 7あまり52
(3) 9あまり1　(4) 7あまり43
(5) 7あまり8　(6) 9あまり26
(7) 8あまり4　(8) 7あまり3
(9) 9あまり18　(10) 7あまり35
(11) 6あまり14　(12) 8あまり5
(13) 8あまり6　(14) 6あまり16
(15) 6あまり10　(16) 7あまり28
(17) 4あまり20　(18) 9あまり16

🔄 (1) 0.734　(2) 1.46
(3) 5.889

まちがえたら、とき直しましょう。

🔊 **ポイント**
❶ あまりはわる数より小さくなります。最後にあまりはわる数より小さくなっていることをたしかめましょう。また、計算が終わったら、計算した商とあまりを使って、「わる数×商＋あまり」の計算をしてみましょう。計算した結果がわられる数と同じになれば、筆算の計算が正しかったことがわかります。
(1) 16÷56だから、十の位に商はたちません。
169÷56で、一の位に商3をたてます。

$$\begin{array}{r}3\\56\overline{)169}\\\underline{168}\\1\end{array}$$

56×3＝168　169−168＝1
(2) 479÷61で、一の位に商8と見当をつけると、
61×8＝488だから、479より大きいので、ひけません。商を1小さい7で計算し直します。
🔄 整数のたし算の筆算と同じように計算します。

## 31 2けたの数でわるわり算⑥　63ページ

❶ (1) 24　　　　(2) 13
　(3) 73　　　　(4) 41
　(5) 22　　　　(6) 18
　(7) 20　　　　(8) 30
　(9) 17　　　　(10) 12
　(11) 41　　　　(12) 32
　(13) 39　　　　(14) 34
　(15) 28

🔄 (1) 9.571　　　(2) 7.331
　(3) 3.378

まちがえたら、とき直しましょう。

◁)) **ポイント**
❶(1) 50÷21で、十の位に商2をたてます。
21×2=42
50-42=8
4をおろします。
84÷21で、一の位に
商4をたてます。
21×4=84
84-84=0

```
        24
  21)504
      42
      84
      84
       0
```

(7) 商に0がたつときは、とちゅうの計算を省くことができます。

```
     20           20
 43)860   →    43)860
    86            86
     0             0
     0
     0
```

🔄 けた数がふえても、整数のたし算の筆算と同じように計算します。和の小数点は、上の小数点にそろえてつけましょう。

## 32 2けたの数でわるわり算⑦　65ページ

❶ (1) 18あまり8　　　(2) 17あまり9
　(3) 40あまり10　　　(4) 23あまり13
　(5) 12あまり7　　　(6) 21あまり15
　(7) 34あまり14　　　(8) 75あまり9
　(9) 26あまり16　　　(10) 13あまり31
　(11) 23あまり20　　　(12) 15あまり13
　(13) 46あまり4　　　(14) 11あまり25
　(15) 39あまり6

🔄 (1) 0.258　　　(2) 0.617
　(3) 0.468

まちがえたら、とき直しましょう。

◁)) **ポイント**
❶(1) 63÷35で、十の位に商1をたてます。
35×1=35
63-35=28
8をおろします。
288÷35で、一の位に
商8をたてます。
35×8=280
288-280=8

```
        18
  35)638
      35
     288
     280
       8
```

(3) 商に0がたつときは、とちゅうの計算を省くことができます。

```
     40           40
 17)690   →    17)690
    68            68
    10            10
     0
    10
```

🔄 けた数がふえても、整数のひき算の筆算と同じように計算します。くり下がりに注意しましょう。

## 33 3けたの数でわるわり算①　67ページ

❶ (1) 4　　　　(2) 2
　(3) 4　　　　(4) 5
　(5) 3　　　　(6) 6
❷ (1) 12　　　　(2) 22
　(3) 17　　　　(4) 25

🔄 (1) 3.831　　　(2) 0.752
　(3) 1.746

まちがえたら、とき直しましょう。

◁)) **ポイント**
❶(1) 52÷132だから、十の位に商はたちません。
528÷132で、一の位に商4をたてます。

❷(1) 76÷638だから、百の位に商はたちません。
765÷638で、十の位に商1をたてます。
638×1=638
765-638=127
6をおろします。
1276÷638で、
一の位に商2をたてます。
638×2=1276
1276-1276=0

🔄 けた数がふえても、整数のひき算の筆算と同じように計算します。差の小数点は、上の小数点にそろえてつけましょう。くり下がりに注意しましょう。

❶ (1) 2あまり156 　(2) 4あまり112
　(3) 3あまり66 　(4) 3あまり123
　(5) 2あまり298 　(6) 5あまり118
❷ (1) 28あまり200 　(2) 58あまり105
　(3) 17あまり268 　(4) 34あまり116

🔄 (1) 4.053 　(2) 5.731
　(3) 7.162

> まちがえたら、とき直しましょう。

◁» **ポイント**

❶ あまりはわる数より小さくなります。最後にあまりがわる数より小さくなっていることをたしかめましょう。
(1) 64÷246だから、十の位に商はたちません。
648÷246で、一の位に商2をたてます。

$$\begin{array}{r} 2 \\ 246\overline{)648} \\ 492 \\ \hline 156 \end{array}$$

❷ (1) 68÷237だから、百の位に商はたちません。
683÷237で、十の位に商2をたてます。
237×2=474
683−474=209
6をおろします。
2096÷237で、
一の位に商8をたてます。
237×8=1896
2096−1896=200

$$\begin{array}{r} 28 \\ 237\overline{)6836} \\ 474 \\ \hline 2096 \\ 1896 \\ \hline 200 \end{array}$$

🔄 (1) 3.2を3.200と考えて計算します。
(2) 1.72を1.720と考えて計算します。
(3) 1を1.000と考えて計算します。

❶ (1) (上から順に) 100、8
　(2) (上から順に) 1000、56
　(3) (上から順に) 10、25、4、100
❷ ⑦
❸ (1) 6 　　(2) 11あまり200
　(3) 80 　　(4) 7あまり300

🔄 (1) 3.725 　(2) 4.231
　(3) 3.712

> まちがえたら、とき直しましょう。

◁» **ポイント**

❶ わり算では、わられる数とわる数を同じ数でわっても、わられる数とわる数に同じ数をかけても、商は変わりません。
❷ わられる数とわる数から、終わりにある0を2こずつ消してから計算します。27÷4=6あまり3なので、2700÷400の商は6です。あまりがあるときは、消した0の数だけ、あまりに0をつけるので、2700÷400のあまりは300です。
❸ わられる数とわる数から、終わりにある0を同じ数ずつ消してから計算しましょう。あまりがあるときは、消した0の数だけ、あまりに0をつけます。

(1)
$$\begin{array}{r} 6 \\ 200\overline{)1200} \\ 12 \\ \hline 0 \end{array}$$

(2)
$$\begin{array}{r} 11 \\ 300\overline{)3500} \\ 3 \\ \hline 5 \\ 3 \\ \hline 200 \end{array}$$

🔄 (1) 3.1を3.100と考えて計算します。

❶ (1) 7 　(2) 2 　(3) 4 　(4) 5
❷ (1) 3 　(2) 2 　(3) 7 　(4) 9
　(5) 6 　(6) 4 　(7) 5 　(8) 8
　(9) 7 　(10) 24 　(11) 14 　(12) 11
❸ (1) 4 　(2) 24 　(3) 35 　(4) 49

◁» **ポイント**

❶ (1) 420÷60の商は、10をもとにして、42÷6の計算で求められます。
❷ 商の見当が小さすぎたときは、商を1大きくして計算し直し、商の見当が大きすぎたときは、商を1小さくして、計算し直します。

(1)
$$\begin{array}{r} 3 \\ 29\overline{)87} \\ 87 \\ \hline 0 \end{array}$$

(2)
$$\begin{array}{r} 2 \\ 35\overline{)70} \\ 70 \\ \hline 0 \end{array}$$

(3)
$$\begin{array}{r} 7 \\ 67\overline{)469} \\ 469 \\ \hline 0 \end{array}$$

❸ (2) 765÷319で、十の位に商2をたてます。
319×2=638
765−638=127
6をおろします。
1276÷319で、一の位に商4をたてます。
319×4=1276
1276−1276=0

$$\begin{array}{r} 24 \\ 319\overline{)7656} \\ 638 \\ \hline 1276 \\ 1276 \\ \hline 0 \end{array}$$

## 37 まとめのテスト⑥ 75ページ

❶ (1) 8あまり10　(2) 3あまり40
❷ (1) 2あまり20　(2) 4あまり8
　 (3) 8あまり45　(4) 7あまり58
　 (5) 16あまり45　(6) 13あまり32
　 (7) 3あまり14　(8) 46あまり15
　 (9) 17あまり147　(10) 31あまり110
❸ (1) 3　　　　　(2) 6あまり100

### 🔊 ポイント

❶(1) 410÷50の商は、10をもとにして、
41÷5の計算で求められます。410÷50のあま
りを1としないように注意しましょう。
❷ あまりはわる数より小さくなります。最後にあ
まりがわる数より小さくなっていることをたしかめ
ましょう。

(1)
$$\begin{array}{r} 2 \\ 34\overline{)88} \\ 68 \\ \hline 20 \end{array}$$

(2)
$$\begin{array}{r} 4 \\ 18\overline{)80} \\ 72 \\ \hline 8 \end{array}$$

(3)
$$\begin{array}{r} 8 \\ 82\overline{)701} \\ 656 \\ \hline 45 \end{array}$$

❸ わられる数とわる数から、終わりにある0を同
じ数ずつ消してから計算しましょう。あまりがあ
るときは、消した0の数だけ、あまりに0をつけま
す。

(2)
$$\begin{array}{r} 6 \\ 600\overline{)3700} \\ 36 \\ \hline 100 \end{array}$$

## 38 パズル② 77ページ

❶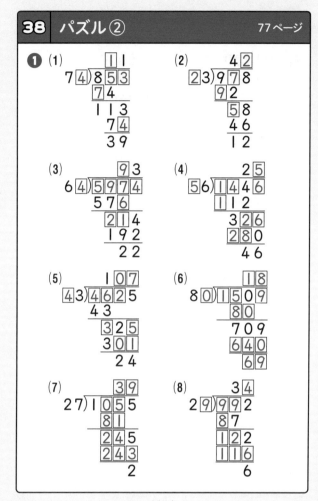

❶ わかっている数字を参考に、わり算の筆算の手
順にそって、1つずつていねいに求めていきましょ
う。

## 39 割合① 79ページ

❶ 式…18÷6=3　答え…3倍
❷ 式…36÷18=2　答え…2倍
❸ (1) 3　　　　　(2) 5
　 (3) 4　　　　　(4) 15
　 (5) 8　　　　　(6) 7
　 (7) 6

🔁 (1) 1.275　　　(2) 0.851
　 (3) 2.138

まちがえたら、とき直しましょう。

### 🔊 ポイント

❶ 6まいを1とみたとき、18まいは3にあたります。
6まいの3倍が18まいです。何倍にあたるかを表
した数を、割合といいます。
❷ 18kgを1とみたとき、36kgは2にあたります。
18kgの2倍が36kgです。

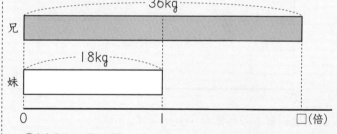

❸(1) 21=7×□　□=21÷7　□=3
　(2) 40=8×□　□=40÷8　□=5
🔁(1) 2を2.000と考えて計算します。
$$\begin{array}{r} 2 \\ -0.725 \\ \hline 1.275 \end{array}$$

## 40 割合② 81ページ

❶ (1)□×4＝36　　(2)9こ
❷ (1)□×6＝900　(2)150g
❸ (1)4　　　　　　(2)2
　 (3)8　　　　　　(4)7
　 (5)6　　　　　　(6)5
　 (7)10

🔄 (1)0.82　　　　(2)0.335
　 (3)0.938

まちがえたら、とき直しましょう。

### 🔊 ポイント

❶(1)チョコレートの数の4倍が36こです。
(2)□×4＝36の□にあてはまる数を求めます。
□＝36÷4　□＝9
❷

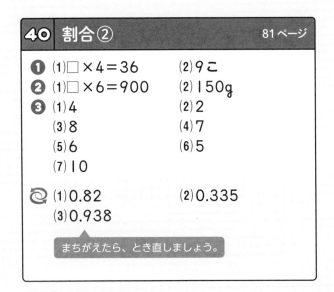
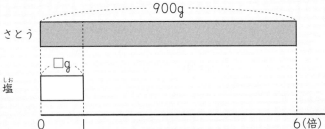

(1)塩の重さの6倍が900gです。
(2)□×6＝900の□にあてはまる数を求めます。
□＝900÷6　□＝150
❸(1)□×6＝24　□＝24÷6　□＝4
(2)□×2＝4　□＝4÷2　□＝2
(3)□×3＝24　□＝24÷3　□＝8
🔄(1)1.5を1.50と考えて計算します。
(3)2を2.000と考えて計算します。

## 41 がい数とその計算① 83ページ

❶ (1)1700　　　　(2)8000
　 (3)81500　　　(4)33600
❷ (1)2000　　　　(2)86000
　 (3)42000　　　(4)132000
　 (5)6316000　 (6)5270000
❸ (1)35000　　　(2)89000
　 (3)6500000　 (4)5300000
❹ (1)90000　　　(2)20000
　 (3)400000　　(4)50000000

🔄 (1)8　　　　　　(2)5

まちがえたら、とき直しましょう。

### 🔊 ポイント

四捨五入するときは、その位の数字が0、1、2、3、4のときは切り捨て、5、6、7、8、9のときは切り上げます。
❶百の位までのがい数にするので、十の位を四捨五入します。
❷千の位までのがい数にするので、百の位を四捨五入します。
(6)百の位は5なので、切り上げます。9＋1＝10なので、千の位は0になり、一万の位に1くり上がります。5269568→5270000
❸上から2けたのがい数にするので、上から3けた目の位を四捨五入します。
❹上から1けたのがい数にするので、上から2けた目の位を四捨五入します。
🔄(1)320÷40の商は、10をもとにして、32÷4の計算で求められます。

## 42 がい数とその計算② 85ページ

❶ (1)12300　　　(2)3300
　 (3)139000　　(4)13000
❷ (1)1060000　 (2)200000
　 (3)1340000

🔄 (1)4　　　　　　(2)2あまり17

まちがえたら、とき直しましょう。

### 🔊 ポイント

❶上から2けたのがい数にするので、上から3けた目の位を四捨五入します。
(1)4022→4000、8280→8300
4000＋8300＝12300
(2)8955→9000、5702→5700
9000－5700＝3300
❷一万の位までのがい数にするので、千の位を四捨五入します。
(1)797205→800000、258779→260000
800000＋260000＝1060000
(2)307145→310000、114686→110000
310000－110000＝200000
🔄あまりはわる数より小さくなります。最後にあまりがわる数より小さくなっていることをたしかめましょう。
(1)6÷17だから、十の位に商はたちません。
68÷17で、一の位に商4をたてます。

❶ (1) 27000　(2) 80000
　(3) 540000　(4) 400000
　(5) 3200000
❷ (1) 90　(2) 900
　(3) 7000

🔄 (1) 7　(2) 7あまり7

> まちがえたら、とき直しましょう。

🔊 **ポイント**
❶ 上から1けたのがい数にするので、上から2けた目の位を四捨五入します。
(1) 8<u>6</u>3→900、3<u>4</u>→30
900×30=27000
(4) 1<u>1</u>99→1000、4<u>0</u>6→400
1000×400=400000
❷ わられる数は上から2けたのがい数にするので、上から3けた目の位を四捨五入します。わる数は上から1けたのがい数にするので、上から2けた目の位を四捨五入します。
(1) 26<u>9</u>6→2700、2<u>5</u>→30
2700÷30=90
(3) 628<u>6</u>497→6300000、9<u>2</u>3→900
6300000÷900=7000
🔄 商の見当が小さすぎたときは、商を1大きくして計算し直し、商の見当が大きすぎたときは、商を1小さくして、計算し直します。

---

❶ (1) 30、10　(2) 6、4
　(3) 18、3
❷ (1) 10　(2) 12
　(3) 94　(4) 4
　(5) 7　(6) 6
　(7) 180　(8) 11
　(9) 156　(10) 100
　(11) 6　(12) 7
　(13) 121

🔄 (1) 19あまり15　(2) 17

> まちがえたら、とき直しましょう。

🔊 **ポイント**
❶ ( )を使った式では、( )の中を先に計算します。
❷ ( )を使った式では、( )の中を先に計算します。
(1) 92−<u>(51+31)</u>=92−<u>82</u>=10
(2) 26−<u>(86−72)</u>=26−<u>14</u>=12
(3) 47×<u>(45−43)</u>=47×<u>2</u>=94
(5) 56÷<u>(10−2)</u>=56÷<u>8</u>=7
(8) 17−<u>(64−58)</u>=17−<u>6</u>=11
(10) <u>(25−20)</u>×<u>(16+4)</u>=<u>5</u>×<u>20</u>=100
(12) <u>(31−3)</u>÷<u>(8−4)</u>=<u>28</u>÷<u>4</u>=7
🔄 (1) 33÷17で、十の位に商1をたてます。
17×1=17
33−17=16
8をおろします。
168÷17で、一の位に
商9をたてます。
17×9=153
168−153=15

```
        1 9
17)3 3 8
    1 7
    1 6 8
    1 5 3
        1 5
```

---

❶ (1) 6、22　(2) 4、26
❷ (1) 67　(2) 18
　(3) 24　(4) 15
　(5) 18　(6) 13
　(7) 24　(8) 38
　(9) 12　(10) 155
　(11) 105　(12) 11
　(13) 5　(14) 15

🔄 (1) 4　(2) 3あまり62

> まちがえたら、とき直しましょう。

🔊 **ポイント**
❶ かけ算やわり算は、たし算やひき算より先に計算します。
❷ かけ算やわり算は、たし算やひき算より先に計算します。
(1) 32+5×7=32+<u>35</u>=67
(2) 72−6×9=72−<u>54</u>=18
(3) <u>5×2</u>+14=<u>10</u>+14=24
(4) <u>6×5</u>÷2=<u>30</u>÷2=15
(10) ( )のある式は、( )の中を先に計算します。
5×<u>(24+7)</u>=5×<u>31</u>=155
(12) 3+<u>48÷6</u>=3+<u>8</u>=11
🔄 (1) 49÷123だから、十の位に商はたちません。
492÷123で、一の位に商4をたてます。

```
          4
123)4 9 2
    4 9 2
        0
```

## 46 計算のきまり③ 93ページ

❶ (1)26　(2)12
(3)14　(4)19
(5)40　(6)20
(7)14　(8)33
(9)2　(10)19

❷ (1)(上から順に)4、4、2600
(2)(上から順に)1、1、594

🔁 (1)7　(2)5あまり200

まちがえたら、とき直しましょう。

### ポイント

❶計算の順じょは、次のようになります。
ア　ふつうは、左から順に計算する。
イ　（ ）のある式は、（ ）の中を先に計算する。
ウ　かけ算やわり算は、たし算やひき算より先に計算する。
(1)$3×2+4×5=6+20=26$
(3)$4+2×8-6=4+16-6=14$
(4)$6+3+2×5=6+3+10=19$
❷（ ）を使った式には、次のような計算のきまりがあります。
$(□+○)×△=□×△+○×△$
$(□-○)×△=□×△-○×△$
🔁わられる数とわる数から、終わりにある0を同じ数ずつ消してから計算しましょう。あまりがあるときは、消した0の数だけ、あまりに0をつけます。
(1)
```
      7
600)4200
     42
      0
```
(2)
```
       5
600)3200
     30
      200
```

## 47 計算のきまり④ 95ページ

❶ (1)(上から順に)100、178
(2)(上から順に)100、9100

❷ (1)87　(2)12
(3)27　(4)72

❸ (1)(上から順に)54、540
(2)(上から順に)100、5400

🔁 式…68×2=136　答え…136円

まちがえたら、とき直しましょう。

### ポイント

❶たし算やかけ算には、次のような計算のきまりがあります。
たし算　$□+○=○+□$
　　　$(□+○)+△=□+(○+△)$
かけ算　$□×○=○×□$
　　　$(□×○)×△=□×(○×△)$
❷計算の順じょは、次のようになります。
ア　ふつうは、左から順に計算する。
イ　（ ）のある式は、（ ）の中を先に計算する。
ウ　かけ算やわり算は、たし算やひき算より先に計算する。
(1)$6×15-9÷3=90-3=87$
(3)$(6×15-9)÷3=(90-9)÷3$
$=81÷3=27$
(4)$6×(15-9÷3)=6×(15-3)$
$=6×12=72$
❸かけ算には、次のような計算のきまりがあります。
　　$□×○=○×□$
　　$(□×○)×△=□×(○×△)$
🔁(消しゴムのねだん)×2=(ノートのねだん)です。

## 48 まとめのテスト❼ 97ページ

❶ (1)7　(2)10
❷ (1)7300　(2)3600
❸ (1)9100　(2)32000
❹ (1)70　(2)400
❺ (1)6　(2)35
(3)13　(4)34

### ポイント

❶(1)$42÷6=7$
(2)$2×5=10$
❷百の位までのがい数にするので、十の位を四捨五入します。
(1)$7329→7300$
(2)$3579→3600$
❸上から2けたのがい数にするので、上から3けた目の位を四捨五入します。
(1)$6418→6400$、$2693→2700$
$6400+2700=9100$
(2)$79021→79000$、$47395→47000$
$79000-47000=32000$
❹わられる数は上から2けたのがい数にするので、上から3けた目の位を四捨五入します。わる数は上から1けたのがい数にするので、上から2けた目の位を四捨五入します。
❺計算の順じょは、次のようになります。
ア　ふつうは、左から順に計算する。
イ　（ ）のある式は、（ ）の中を先に計算する。
ウ　かけ算やわり算は、たし算やひき算より先に計算する。

186

## 49 パズル③　99ページ

**❶**
(1) +、+、+
(2) +、+、−
(3) +、−、−
(4) +、×、−
(5) +、+、÷
(6) ×、+、−
(7) −、×、+
(8) ×、+、÷

#### 🔊 ポイント

❶かけ算やわり算は、たし算やひき算より先に計算します。

同じ数どうしをわると1になることをうまく使いましょう。

## 50 面積の単位の計算　101ページ

**❶**
(1) 100
(2) 10000

**❷**
(1)（上から順に）160000、1600、16
(2)（上から順に）40、40000000、
　　400000、4000

**❸**
(1) 300　　　　(2) 20000
(3) 60　　　　(4) 5000000
(5) 900　　　　(6) 20
(7) 12

**🔄**
(1) 4000　　　　(2) 8000
(3) 58000　　　　(4) 7554000

> まちがえたら、とき直しましょう。

#### 🔊 ポイント

❶1a＝100m²、1ha＝10000m²です。
(1) 10m×10m＝100m²なので、100m²＝1a
(2) 100m×100m＝10000m²なので、
10000m²＝1ha
❷1a＝100m²、1ha＝10000m²、
1km²＝1000000m²です。
(1) 400m×400m＝160000m²
(2) 5km×8km＝40km²
❸1a＝100m²、1ha＝10000m²です。
(1) 1a＝100m²なので、3a＝300m²
(3) 100a＝1haなので、6000a＝60ha
(4) 1km²＝1000000m²なので、
5km²＝5000000m²
🔄千の位までのがい数にするので、百の位を四捨五入します。

## 51 小数のかけ算①　103ページ

**❶**（上から順に）12、1.2

**❷**
(1) 4.8　　　　(2) 0.9
(3) 4.9　　　　(4) 4
(5) 0.6　　　　(6) 2.4
(7) 1.5　　　　(8) 1.8
(9) 0.4　　　　(10) 2.5
(11) 2.4　　　　(12) 6.3
(13) 2.4　　　　(14) 1.2
(15) 1.6　　　　(16) 5.4

**❸**
(1) 0.08　　　　(2) 0.32
(3) 0.7　　　　(4) 0.04
(5) 0.18　　　　(6) 0.36
(7) 0.15　　　　(8) 0.24
(9) 0.14　　　　(10) 0.64
(11) 0.09　　　　(12) 0.45

**🔄**
(1) 10000　　　　(2) 43000

> まちがえたら、とき直しましょう。

#### 🔊 ポイント

❶3×4＝12なので、0.3×4＝1.2となります。
❷小数のかけ算は、小数点がないものとして整数と考えてかけ算をし、かけられる数にそろえて、積の小数点をつけます。一の位に0をつけるのをわすれないようにしましょう。
(1) 6×8＝48なので、0.6×8＝4.8となります。
(4) 5×8＝40なので、0.5×8＝4.0となります。
小数点以下の最後につく0は消して答えるので、答えは4となります。

❸まず、小数点を考えないで、整数のかけ算と同じように計算します。次に、かけられる数にそろえて、積の小数点をつけます。

(1)2×4＝8なので、0.02×4＝0.08となります。

(3)7×10＝70なので、0.07×10＝0.70となります。小数点以下の最後につく0は消して答えるので、答えは0.7となります。

🔁千の位までのがい数にするので、百の位を四捨五入してから計算します。

---

## 52 小数のかけ算②
105ページ

❶ ⑦10　　　　　　　⑦10
　　⑨16.8

❷ (1)4.8　　　　　(2)6.3
　 (3)3.6　　　　　(4)0.6
　 (5)2.8　　　　　(6)0.5

❸ (1)6.4　　　　　(2)13.5
　 (3)28.8　　　　(4)39.6
　 (5)14.8　　　　(6)23.6
　 (7)48.6　　　　(8)58.5
　 (9)27.9

🔁 (1)32000　　　(2)80000

> まちがえたら、とき直しましょう。

### 🔊 ポイント

❶小数のかけ算は、小数点がないものとして整数と考えてかけ算をし、かけられる数にそろえて、積の小数点をつけます。

❷小数のかけ算は、小数点がないものとして整数と考えてかけ算をし、かけられる数にそろえて、積の小数点をつけます。

(1)　　0.6　　(2)　　0.7　　(3)　　0.9
　　×　8　　　　×　9　　　　×　4
　　──────　　──────　　──────
　　　4.8　　　　6.3　　　　3.6

(4)(6)一の位に0をつけるのをわすれないようにしましょう。

---

❸一の位に数字がある小数のかけ算も、計算のしかたは同じです。小数点がないものとして整数と考えてかけ算をし、かけられる数にそろえて、積の小数点をつけます。くり上がりに気をつけましょう。

(1)　　1.6　　(2)　　2.7　　(3)　　3.6
　　×　4　　　　×　5　　　　×　8
　　──────　　──────　　──────
　　　6.4　　　13.5　　　28.8

🔁上から1けたのがい数にするので、上から2けた目を四捨五入してから計算します。

---

## 53 小数のかけ算③
107ページ

❶ (1)99.3　　　　(2)46.2
　 (3)69.2　　　　(4)162.4
　 (5)355.5　　　(6)350.7
　 (7)531.3　　　(8)566.4
　 (9)334.8　　　(10)188.6
　 (11)451.5　　　(12)51.6
　 (13)149.7　　　(14)285.6
　 (15)141.6　　　(16)121.8
　 (17)209.2　　　(18)513
　 (19)261.9　　　(20)45.6
　 (21)400.4

🔁 (1)15　　　　(2)7

> まちがえたら、とき直しましょう。

## ◁)) ポイント

❶十の位に数字がある小数のかけ算も、計算のしかたは同じです。小数点がないものとして整数と考えてかけ算をし、かけられる数にそろえて、積の小数点をつけます。くり上がりに気をつけましょう。

```
(1)  33.1      (2)  23.1      (3)  17.3
   ×    3         ×    2         ×    4
   ─────         ─────         ─────
    99.3          46.2          69.2
```

(18)小数点以下の最後につく0は消して答えます。

```
     85.5
   ×    6
   ─────
   513.0̸
```

✑計算の順じょは、次のようになります。

ア　ふつうは、左から順に計算する。

イ　（　）のある式は、（　）の中を先に計算する。

ウ　かけ算やわり算は、たし算やひき算より先に計算する。

(1)88−(31+42)＝88−73＝15

---

## 54 小数のかけ算④　　109ページ

❶ (1) 25.3　　　　(2) 99.2
　(3) 167.9　　　(4) 17.4
　(5) 85.5　　　 (6) 13
　(7) 359.9　　　(8) 259.2
　(9) 280.8　　　(10) 176.3
　(11) 24.5　　　(12) 182.7
　(13) 524.7　　　(14) 530.4
　(15) 302.4

✑ (1) 24　　　　(2) 34
　(3) 10

> まちがえたら、とき直しましょう。

## ◁)) ポイント

❶小数のかけ算は、小数点がないものとして整数と考えてかけ算をし、かけられる数にそろえて、積の小数点をつけます。

```
(1)   2.3     (2)   3.1     (3)    7.3
    × 1 1        × 3 2         × 2 3
    ─────        ─────        ─────
      2 3          6 2          2 1 9
    2 3          9 3          1 4 6
    ─────        ─────        ─────
    2 5.3        9 9.2        1 6 7.9

(7)   5.9     (8)   8.1     (9)    7.2
    × 6 1        × 3 2         × 3 9
    ─────        ─────        ─────
      5 9          1 6 2         6 4 8
    3 5 4        2 4 3          2 1 6
    ─────        ─────        ─────
    3 5 9.9      2 5 9.2       2 8 0.8
```

✑かけ算やわり算は、たし算やひき算より先に計算します。

(2)28+3×2＝28+6＝34

---

## 55 小数のかけ算⑤　　111ページ

❶ ㋐ 100　　　　㋑ 100
　㋒ 15.28

❷ (1) 16.62　　　(2) 22.56
　(3) 24.54　　　(4) 30.96
　(5) 14.9　　　 (6) 66.57
　(7) 12.64　　　(8) 46.02
　(9) 11.76　　　(10) 87.21
　(11) 36.75　　　(12) 18.24
　(13) 9.72　　　(14) 63.63
　(15) 11.04

✑ (1) 7　　　　 (2) 23
　(3) 15

> まちがえたら、とき直しましょう。

## ◁)) ポイント

❶小数第二位までの小数のかけ算でも計算のしかたは同じです。小数のかけ算は、小数点がないものとして整数と考えてかけ算をし、かけられる数にそろえて、積の小数点をつけます。小数点の位置に気をつけましょう。

```
(1)  8.31     (2)  5.64     (3)  8.18
   ×    2        ×    4        ×    3
   ─────        ─────        ─────
   16.62        22.56        24.54

(4)  3.87     (5)  2.98     (6)  9.51
   ×    8        ×    5        ×    7
   ─────        ─────        ─────
   30.96        14.9̸0̸        66.57
```

🔁かけ算やわり算は、たし算やひき算より先に計算します。

(1) $5+3×2-4=5+6-4=11-4=7$

(2) $1+6+2×8=1+6+16=7+16$
$=23$

(3) $4×2+14÷2=8+7=15$

---

## 56 小数のかけ算⑥　113ページ

❶ (1) 8.19　　(2) 11.34
(3) 21.08　　(4) 14.06
(5) 26.68　　(6) 62.37
(7) 15.25　　(8) 22.44
(9) 17.15

❷ (1) 38.94　　(2) 314.56
(3) 439.64　　(4) 236.25

🔁 (1) 8　　(2) 1

まちがえたら、とき直しましょう。

### 🔊 ポイント

❶小数第二位までの小数のかけ算でも計算のしかたは同じです。小数のかけ算は、小数点がないものとして整数と考えてかけ算をし、かけられる数にそろえて、積の小数点をつけます。小数点の位置に気をつけましょう。

```
(1)  0.39      (2)  0.27      (3)  0.62
   ×  21          ×  42          ×  34
   ─────          ─────          ─────
      39             54            248
     78            108            186
  ──────        ──────        ──────
   8.19          11.34          21.08
```

---

❷
```
(1)  3.54        (2)    9.83
   ×  11            ×    32
   ─────           ───────
    354             1966
   354             2949
  ──────          ───────
  38.94           314.56
```

🔁 (1) $2×(14-2)÷3=2×12÷3$
$=24÷3$
$=8$

(2) $(7×3-8)÷13=(21-8)÷13$
$=13÷13$
$=1$

---

## 57 まとめのテスト❽　115ページ

❶ (1) 1100　　(2) 40000
(3) 80

❷ (1) 1.8　　(2) 4.2
(3) 0.7　　(4) 3.6
(5) 0.32　　(6) 0.18
(7) 0.3　　(8) 0.42

❸ (1) 2.8　　(2) 23.8
(3) 14.4　　(4) 271.8
(5) 301.7　　(6) 261.2
(7) 77.7　　(8) 464.4
(9) 142.2　　(10) 148.42
(11) 579.88　　(12) 257.64

### 🔊 ポイント

❶ $1a=100m^2$、$1ha=10000m^2$です。

❷(1) $2×9=18$なので、$0.2×9=1.8$となります。
(7) $5×6=30$なので、$0.05×6=0.30$となります。小数点以下の最後につく0は消して答えるので、答えは0.3となります。

❸小数のかけ算は、小数点がないものとして整数と考えてかけ算をし、かけられる数にそろえて、積の小数点をつけます。小数点の位置に気をつけましょう。

```
(10)   3.62       (11)   7.63
     ×  41            ×  76
     ──────          ──────
      362            4578
    1448            5341
   ───────         ───────
   148.42          579.88
```

## 58 小数のわり算① 　117ページ

① （上から順に）8、2、0.2

② (1) 0.6 　　(2) 0.1
(3) 0.3 　　(4) 0.4
(5) 0.7 　　(6) 0.8
(7) 0.3 　　(8) 0.9
(9) 0.7 　　(10) 0.4
(11) 0.3 　　(12) 0.4
(13) 0.5 　　(14) 0.8
(15) 0.7 　　(16) 0.3

③ (1)（上から順に）0.6、0.6、3.6
(2)（上から順に）0.3、0.3、2.4
(3)（上から順に）0.2、0.2、1.2

♻ （上から順に）120000、1200、12

まちがえたら、とき直しましょう。

### ◁)) ポイント

②(1) $4.8 \div 8$ の商は、$48 \div 8$ を10でわれば求められます。

$$4.8 \div 8 = 0.6$$

10倍　10倍　$\frac{1}{10}$

$$48 \div 8 = 6$$

③(1) $3.6 \div 6$ の商は、$36 \div 6$ を10でわれば求められます。

$$3.6 \div 6 = 0.6$$

10倍　10倍　$\frac{1}{10}$

$$36 \div 6 = 6$$

＜けん算＞は、（わる数）×（商）＝（わられる数）なので、$6 \times 0.6 = 3.6$ となります。

---

♻ $200 \times 600 = 2 \times 100 \times 6 \times 100$
$= 12 \times 10000$
$= 120000$

$100m^2 = 1a$ なので、$120000m^2 = 1200a$ となります。$100a = 1ha$ なので、$1200a = 12ha$ となります。

---

## 59 小数のわり算② 　119ページ

① (1) 2.3 　　(2) 1.1
(3) 4.3 　　(4) 1.3
(5) 2.8 　　(6) 1.2
(7) 1.5 　　(8) 1.2
(9) 3.7 　　(10) 3.2
(11) 1.3 　　(12) 4.9
(13) 1.8 　　(14) 1.8
(15) 1.1

♻ (1) 7.2 　　(2) 0.7
(3) 3 　　(4) 2.7
(5) 4

まちがえたら、とき直しましょう。

### ◁)) ポイント

① 小数点を考えないで、整数のわり算と同じように計算します。次に、わられる数にそろえて、商の小数点をつけます。

(1)
```
   2.3
3)6.9
  6
  9
  9
  0
```
(2)
```
   1.1
5)5.5
  5
  5
  5
  0
```
(3)
```
   4.3
2)8.6
  8
  6
  6
  0
```
(4)
```
   1.3
6)7.8
  6
  18
  18
  0
```
(5)
```
   2.8
3)8.4
  6
  24
  24
  0
```
(6)
```
   1.2
7)8.4
  7
  14
  14
  0
```

（1）9×8＝72なので、0.9×8＝7.2となります。
（3）6×5＝30なので、0.6×5＝3.0となります。
小数点以下の最後につく0は消して答えるので、答えは3となります。

## 60 小数のわり算③ 121ページ

❶ (1)0.4　　　　　(2)0.7
　(3)0.8　　　　　(4)0.2
　(5)0.8　　　　　(6)0.7
　(7)0.1　　　　　(8)0.4
　(9)0.4　　　　　(10)1.6
　(11)0.8　　　　　(12)2.1
　(13)0.7　　　　　(14)1.8
　(15)0.6

♻ (1)13.6　　　　(2)28.5
　(3)46.4

> まちがえたら、とき直しましょう。

### 🔊 ポイント

❶小数点を考えないで、整数のわり算と同じように計算します。次に、わられる数にそろえて、商の小数点をつけます。商がたたない位に0を書くのをわすれないようにしましょう。
（1）わられる数の一の位の2を7でわった商は0ですから、この0を商の一の位に書き、小数点をつけて計算します。

```
   0.4
7)2.8
  2 8
    0
```

---

(1)　3.4　　(2)　5.7　　(3)　5.8
　　×　4　　　×　5　　　×　8
　　13.6　　　28.5　　　46.4

## 61 小数のわり算④ 123ページ

❶ (1)5.6　　　　　(2)3.8
　(3)3.1　　　　　(4)8.9
　(5)2.2　　　　　(6)1.4
　(7)5.1　　　　　(8)4.7
　(9)3.4
❷ (1)2.7　　　　　(2)2.6
　(3)4.6　　　　　(4)1.9
　(5)2.3　　　　　(6)1.1

♻ (1)60.2　　　　(2)24.3
　(3)28

> まちがえたら、とき直しましょう。

### 🔊 ポイント

❶小数点を考えないで、整数のわり算と同じように計算します。次に、わられる数にそろえて、商の小数点をつけます。
（1）1÷3だから、十の位に商はたちません。
16÷3で、一の位に商5をたてます。

```
   5.6
3)16.8
  15
   18
   18
    0
```

---

❷(1)3÷12だから、十の位に商はたちません。
32÷12で、一の位に商2をたてます。

```
      2.7
12)32.4
   24
    84
    84
     0
```

♻小数のかけ算は、小数点がないものとして整数と考えてかけ算をし、かけられる数にそろえて、積の小数点をつけます。

**❶**
(1) 2.52　　(2) 1.39
(3) 1.26　　(4) 0.36
(5) 0.02　　(6) 0.24

**❷**
(1) 0.34　　(2) 0.13
(3) 0.26　　(4) 0.12
(5) 0.11　　(6) 0.43

↻
(1) 161.4　　(2) 433.6
(3) 697.5

> まちがえたら、とき直しましょう。

🔊 **ポイント**

**❶** 小数点を考えないで、整数のわり算と同じように計算します。次に、わられる数にそろえて、商の小数点をつけます。商がたたない位に0を書くのをわすれないようにしましょう。

(1)
```
   2.52
3)7.56
   6
   15
   15
    6
    6
    0
```
(4)
```
   0.36
2)0.72
   6
   12
   12
    0
```
(5)
```
   0.02
6)0.12
   12
    0
```

**❷**(1)
```
   0.34
24)8.16
   72
   96
   96
    0
```
(2)
```
   0.13
12)1.56
   12
   36
   36
    0
```
(3)
```
   0.26
19)4.94
   38
   114
   114
     0
```

↻ 小数のかけ算は、小数点がないものとして整数と考えてかけ算をし、かけられる数にそろえて、積の小数点をつけます。

**❶**
(1) 7.5　　(2) 0.25
(3) 1.4　　(4) 1.85
(5) 0.025　　(6) 0.125
(7) 0.375　　(8) 2.75
(9) 0.12

↻
(1) 55.2　　(2) 522.9
(3) 406.8　　(4) 123.5
(5) 274.5　　(6) 335.3

> まちがえたら、とき直しましょう。

🔊 **ポイント**

**❶**(1)は45を45.0、(2)は8を8.00と考えて、わり切れるまで計算を続けましょう。

(1)
```
    7.5
6)45
  42
   30
   30
    0
```
(2)
```
    0.25
32)8.0
   64
   160
   160
     0
```
(6)
```
    0.125
16)2.0
   16
    40
    32
    80
    80
     0
```

↻ 小数のかけ算は、小数点がないものとして整数と考えてかけ算をし、かけられる数にそろえて、積の小数点をつけます。

**❶**
(1) 18あまり2.7　　(2) 7あまり4.3
(3) 14あまり0.6　　(4) 4あまり5.8
(5) 10あまり3.5　　(6) 2あまり1.6
(7) 16あまり2.5　　(8) 11あまり2.2
(9) 27あまり1.6

**❷** 筆算…
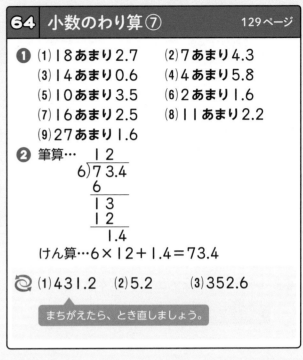
```
     12
6)73.4
   6
   13
   12
    1.4
```
けん算…6×12+1.4＝73.4

↻
(1) 431.2　　(2) 5.2　　(3) 352.6

> まちがえたら、とき直しましょう。

🔊 **ポイント**

**❶** あまりの小数点は、わられる数の小数点にそろえてつけます。

(1)
```
    18
3)56.7
  3
  26
  24
   2.7
```
(2)
```
    7
6)46.3
  42
   4.3
```
(3)
```
    14
7)98.6
  7
  28
  28
   0.6
```

**❷** 答えがあっているかは、
「わる数×商＋あまり＝わられる数」
にあてはめて、たしかめます。

↻ 小数のかけ算は、小数点がないものとして整数と考えてかけ算をし、かけられる数にそろえて、積の小数点をつけます。

## 65 小数のわり算⑧　　131ページ

**❶**
(1) 0.9あまり0.2　　(2) 0.8あまり0.3
(3) 0.5あまり0.1　　(4) 7.1あまり0.1
(5) 7.5あまり0.6　　(6) 7.3あまり0.5
(7) 0.2あまり1.6　　(8) 1.2あまり0.1
(9) 0.1あまり1.72

**❷** 筆算…
```
      9.3
  7)6 5.2
    6 3
    ───
      2 2
      2 1
    ───
      0.1
```
けん算…7×9.3+0.1=65.2

**↻**
(1) 98　　(2) 29.6　　(3) 674.5

> まちがえたら、とき直しましょう。

### ◁》ポイント

**❶** あまりの小数点は、わられる数の小数点にそろえてつけます。あまりに小数点をつけわすれないようにしましょう。

(1)
```
    0.9
 5)4.7
   4 5
   ───
   0.2
```
(4)
```
    7.1
 6)4 2.7
   4 2
   ───
     7
     6
   ───
     0.1
```
(7)
```
     0.2
 23)6.2
    4 6
    ───
    1.6
```

**↻** 小数のかけ算は、小数点がないものとして整数と考えてかけ算をし、かけられる数にそろえて、積の小数点をつけます。

---

## 66 小数のわり算⑨　　133ページ

**❶**
(1) 1.2　　(2) 2.6
(3) 5.5　　(4) 0.63
(5) 0.58　　(6) 0.038
(7) 0.38

**↻**
(1) 34.98　　(2) 45.63
(3) 22.24　　(4) 29.82
(5) 15.48　　(6) 57.92

> まちがえたら、とき直しましょう。

### ◁》ポイント

**❶** 上から2けたのがい数にするので、上から3けた目の位を四捨五入します。(4)のように、一の位が0のとき、$\frac{1}{10}$ の位の6を1けた目として考えます。

(1)
```
     1.1 5̇²
 8)9.2 5
   8
   ───
   1 2
     8
   ───
   4 5
   4 0
   ───
     5
```
(2)
```
     2.6 3̇⁵
 16)4 2.1
    3 2
    ───
    1 0 1
      9 6
    ─────
      5 0
      4 8
      ───
        2
```
(3)
```
      5.4 8̇⁵
 6)3 2.9 2
   3 0
   ───
     2 9
     2 4
   ─────
       5 2
       4 8
       ───
         4
```
(4)
```
     0.6 2̇³ 8
 7)4.4
   4 2
   ───
     2 0
     1 4
   ─────
       6 0
       5 6
       ───
         4
```
(6)
```
     0.0 3 8̇⁴
 13)0.5 0
    3 9
    ───
    1 1 0
    1 0 4
    ─────
        6 0
        5 2
        ───
          8
```

---

**↻** 小数のかけ算は、小数点がないものとして整数と考えてかけ算をし、かけられる数にそろえて、積の小数点をつけます。

## 67 まとめのテスト⑨　　135ページ

**❶**
(1) 0.8　　(2) 0.6
(3) 0.9　　(4) 0.7

**❷**
(1) 2.9　　(2) 2.4
(3) 1.5　　(4) 0.8
(5) 0.7　　(6) 0.2
(7) 7.8　　(8) 8.7
(9) 1.3　　(10) 15.6
(11) 1.42　　(12) 0.21

**❸**
(1) 2.5　　(2) 0.25
(3) 0.16

### ◁》ポイント

**❶** (1) 5.6÷7の商は、56÷7を10でわれば求められます。

$$5.6 \div 7 = 0.8$$
10倍　10倍　$\frac{1}{10}$
$$56 \div 7 = 8$$

**❷** 小数点を考えないで、整数のわり算と同じように計算します。次に、わられる数にそろえて、商の小数点をつけます。商がたたない位に0を書くのをわすれないようにしましょう。

**❸** (1)は5を5.0、(2)は2を2.00、(3)は0.8を0.80と考えて、わり切れるまで計算を続けましょう。

## 68 まとめのテスト⓵ 　137ページ

**❶** (1) 19あまり2.4 　(2) 8あまり1.6
　(3) 11あまり4.6 　(4) 4あまり2.9
　(5) 10あまり4.5 　(6) 3あまり4.5

**❷** (1) 0.6あまり0.3 　(2) 0.8あまり0.7
　(3) 0.7あまり0.3 　(4) 8.8あまり0.1
　(5) 3.5あまり0.1 　(6) 1.1あまり2.6

**❸** (1) 9.8 　　　　　(2) 0.76

🔊 **ポイント**

**❶** あまりの小数点は、わられる数の小数点にそろえてつけます。

(1)
```
    19
 4)78.4
    4
    38
    36
     2.4
```
(2)
```
     8
 5)41.6
   40
     1.6
```
(3)
```
    11
 7)81.6
    7
    11
     7
     4.6
```

**❷** あまりの小数点は、わられる数の小数点にそろえてつけます。あまりに小数点をつけわすれないようにしましょう。

(1)
```
    0.6
 6)3.9
   3.6
    0.3
```
(2)
```
    0.8
 8)7.1
   6.4
    0.7
```
(3)
```
    0.7
 4)3.1
   2.8
    0.3
```

**❸** 上から2けたのがい数にするので、上から3けた目の位を四捨五入します。

---

## 69 パズル④ 　139ページ

**❶** (1) 0.125、7、6.8、464
　(2) 1、5.4、153.9、2.13
　(3) 0.1、36、8、61.25
　(4) 0.35、0.848、3.14、540

🔊 **ポイント**

**❶**(1) まず上の数字から下の□までの道をたどり、計算の式をつくりましょう。例えば上の数字が7のところなら、「7÷4×4」となります。式の頭から計算するよりも、後ろを先に計算するとかんたんになることもあります。「7÷4×4」の場合は、後ろの「÷4×4」が「÷1」と同じなので「7÷1=7」と計算できます。

---

## 70 小数倍① 　141ページ

**❶** （上から順に）20、1.5、1.5

**❷** 式…40÷25=1.6　答え…1.6倍

**❸** 式…920÷400=2.3　答え…2.3倍

🔄 (1) 43.32 　　　(2) 15.54
　(3) 22.82

> まちがえたら、とき直しましょう。

🔊 **ポイント**

**❶** 20cmを1とみて、30cmが20cmの何倍にあたるかを求めます。
30÷20=1.5　だから、1.5倍です。

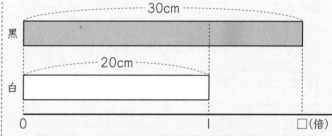

**❷** 25まいを1とみたとき、40まいが25まいの何倍にあたるかを求めます。
40÷25=1.6　だから、1.6倍です。

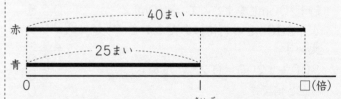

🔄 小数と整数のかけ算です。最後に答えに小数点をつけることをわすれないように気をつけましょう。

## 71 小数倍②
143ページ

❶ 式…3÷6=0.5
　　答え…0.5倍
❷ 式…2÷10=0.2
　　答え…0.2倍
❸ 式…300÷1200=0.25
　　答え…0.25倍

🔄 (1)28.56　　　(2)17.25
　　(3)122.08

> まちがえたら、とき直しましょう。

### 🔊 ポイント
❶6mを1とみて、3mが6mの何倍にあたるかを求めます。
3÷6=0.5　だから、0.5倍です。

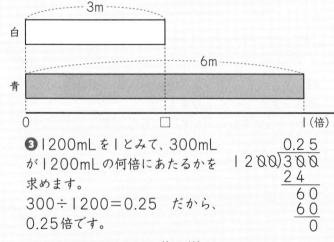

❸1200mLを1とみて、300mLが1200mLの何倍にあたるかを求めます。
300÷1200=0.25　だから、
0.25倍です。

```
        0.25
1200)300.0
      24
      60
      60
       0
```

🔄とちゅうの計算は、位を必ずそろえて計算するようにしましょう。

## 72 分数の計算①
145ページ

❶ ア、ウ、オ(順不同)

❷ (1)$1\frac{2}{3}$　　　(2)4
　　(3)$5\frac{5}{6}$

❸ (1)$\frac{3}{2}$　　　(2)$\frac{11}{5}$
　　(3)$\frac{53}{8}$

❹ (1)<　　　(2)>
　　(3)=　　　(4)<

❺ (1)>　　　(2)=

🔄 (1)0.3　　　(2)1.4
　　(3)2.4

> まちがえたら、とき直しましょう。

### 🔊 ポイント
❶$\frac{4}{5}$や$\frac{3}{7}$のように、分子が分母より小さい分数を真分数といいます。

❷分子と分母が等しいか、分子が分母より大きい分数を仮分数といいます。
また、整数と真分数の和で表される分数を帯分数といいます。

(1)5÷3=1あまり2だから、$\frac{5}{3}=1\frac{2}{3}$

❸(1)2×1+1=3だから、$1\frac{1}{2}=\frac{3}{2}$

❹帯分数(整数)か仮分数のどちらかにそろえて、大きさをくらべましょう。

(1)$\frac{25}{6}$を帯分数にすると、$4\frac{1}{6}$だから、

$\frac{25}{6}<4\frac{5}{6}$

または、$4\frac{5}{6}$を仮分数にすると、$\frac{29}{6}$だから、

$\frac{25}{6}<4\frac{5}{6}$

❺(1)数直線を見ると、分子が同じとき、分母が大きい分数のほうが小さいことがわかります。

(2)数直線を見ると、$\frac{1}{2}$と$\frac{2}{4}$は同じ大きさということがわかります。1を2等分した1こ分と、1を4等分した2こ分は同じ大きさです。

🔄最後に、答えに小数点をつけることをわすれないようにしましょう。

## 73 分数の計算②　147ページ

❶（上から順に）3、3、$\frac{5}{6}$

❷ (1) $\frac{2}{5}$ (2) $\frac{5}{7}$

(3) $\frac{7}{8}$ (4) $\frac{7}{10}$

(5) $\frac{5}{6}$ (6) $\frac{2}{3}$

(7) $\frac{6}{9}$ (8) $\frac{5}{8}$

❸ (1) $\frac{9}{7}\left(1\frac{2}{7}\right)$ (2) $\frac{5}{4}\left(1\frac{1}{4}\right)$

(3) $\frac{13}{10}\left(1\frac{3}{10}\right)$ (4) $\frac{8}{5}\left(1\frac{3}{5}\right)$

(5) $\frac{7}{6}\left(1\frac{1}{6}\right)$ (6) $\frac{6}{4}\left(1\frac{2}{4}\right)$

🔄 (1) 19.3 (2) 0.41

> まちがえたら、とき直しましょう。

### 🔊 ポイント
❶❷ 分母が同じ分数のたし算では、分母はそのままにして、分子だけを計算します。

❸ 答えが仮分数になるときは、そのままでもよいですが、帯分数に直して答えてもよいです。

(1)分母はそのままにして、分子だけ計算するので、$\frac{3}{7}+\frac{6}{7}=\frac{9}{7}$となります。また、$9÷7=1$あまり2だから、$\frac{9}{7}=1\frac{2}{7}$と帯分数に直すこともできます。

🔄大きい位から順に計算します。

## 74 分数の計算③　149ページ

❶（上から順に）5、5、$\frac{2}{6}$

❷ (1) $\frac{3}{5}$ (2) $\frac{5}{8}$

(3) $\frac{1}{7}$ (4) $\frac{2}{9}$

(5) $\frac{1}{6}$ (6) $\frac{8}{10}$

(7) $\frac{2}{7}$ (8) $\frac{5}{8}$

(9) $\frac{1}{7}$ (10) $\frac{1}{4}$

(11) $\frac{7}{10}$ (12) $\frac{3}{5}$

(13) $\frac{3}{8}$ (14) $\frac{4}{7}$

🔄 (1) 0.125 (2) 0.84

> まちがえたら、とき直しましょう。

### 🔊 ポイント
❶ 分母が同じ分数のひき算では、たし算のときと同じように、分母はそのままにして、分子だけを計算します。

❷(1)分母はそのままにして、分子だけ計算するので、$\frac{4}{5}-\frac{1}{5}=\frac{3}{5}$となります。

🔄大きい位から計算しますが、われない場合は、次に大きい位の数まででわれるかを考えます。

(1)2を2.000として考えます。

## 75 分数の計算④　151ページ

❶ (1) $\frac{9}{5}\left(1\frac{4}{5}\right)$ (2) $\frac{12}{7}\left(1\frac{5}{7}\right)$

(3) $\frac{7}{3}\left(2\frac{1}{3}\right)$ (4) $\frac{8}{3}\left(2\frac{2}{3}\right)$

(5) $\frac{11}{6}\left(1\frac{5}{6}\right)$ (6) $\frac{30}{11}\left(2\frac{8}{11}\right)$

(7) $\frac{16}{9}\left(1\frac{7}{9}\right)$ (8) $\frac{19}{3}\left(6\frac{1}{3}\right)$

(9) $\frac{20}{7}\left(2\frac{6}{7}\right)$ (10) 4

(11) $\frac{12}{7}\left(1\frac{5}{7}\right)$ (12) $\frac{31}{10}\left(3\frac{1}{10}\right)$

(13) $\frac{23}{8}\left(2\frac{7}{8}\right)$ (14) $\frac{22}{12}\left(1\frac{10}{12}\right)$

(15) $\frac{10}{3}\left(3\frac{1}{3}\right)$ (16) $\frac{13}{6}\left(2\frac{1}{6}\right)$

(17) $\frac{34}{7}\left(4\frac{6}{7}\right)$ (18) $\frac{30}{13}\left(2\frac{4}{13}\right)$

(19) $\frac{16}{5}\left(3\frac{1}{5}\right)$ (20) $\frac{24}{7}\left(3\frac{3}{7}\right)$

🔄 (1) 0.8 あまり 0.3 (2) 4.4 あまり 0.5
(3) 7.3 あまり 0.6

> まちがえたら、とき直しましょう。

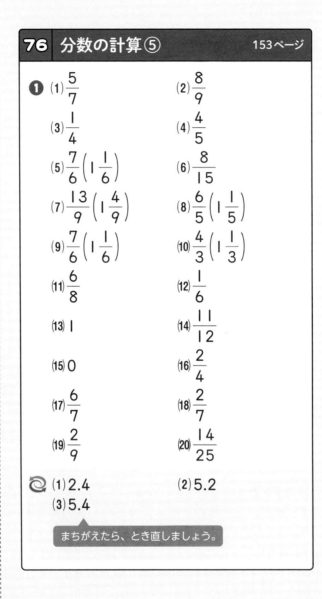

ポイント

❶ 分母が同じ分数のたし算では、分母はそのままにして、分子だけを計算します。答えが仮分数になるときは、帯分数に直して答えてもよいです。また、仮分数を帯分数または整数で表すには、分子÷分母を計算し、その商を整数部分、あまりを分子にします。

(10) 答えの仮分数が整数に直せるときは、必ず整数に直しましょう。

$$\frac{3}{2}+\frac{5}{2}=\frac{8}{2}=4$$

❷ あまりの小数点は、わられる数の小数点にそろえてつけます。あまりに小数点をつけわすれないようにしましょう。

ポイント

❶ 分母が同じ分数のひき算では、分母はそのままにして、分子だけを計算します。
答えが仮分数になるときは、帯分数に直して答えてもよいです。また、仮分数を帯分数または整数で表すには、分子÷分母を計算し、その商を整数部分、あまりを分子にします。

(13) 答えの仮分数が整数に直せるときは、必ず整数に直しましょう。

$$\frac{9}{2}-\frac{7}{2}=\frac{2}{2}=1$$

❷ 上から2けたのがい数にするので、上から3けた目の位を四捨五入します。

**①**

(1) $1\dfrac{3}{4}\left(\dfrac{7}{4}\right)$　　(2) $1\dfrac{4}{5}\left(\dfrac{9}{5}\right)$

(3) $1\dfrac{2}{3}\left(\dfrac{5}{3}\right)$　　(4) $2\dfrac{3}{8}\left(\dfrac{19}{8}\right)$

(5) $3\dfrac{5}{9}\left(\dfrac{32}{9}\right)$　　(6) $2\dfrac{3}{5}\left(\dfrac{13}{5}\right)$

(7) $3\dfrac{7}{9}\left(\dfrac{34}{9}\right)$　　(8) $1\dfrac{4}{5}\left(\dfrac{9}{5}\right)$

(9) $3\dfrac{5}{6}\left(\dfrac{23}{6}\right)$　　(10) $5\dfrac{2}{3}\left(\dfrac{17}{3}\right)$

(11) $3\dfrac{7}{8}\left(\dfrac{31}{8}\right)$　　(12) $5\dfrac{3}{5}\left(\dfrac{28}{5}\right)$

(13) $6\dfrac{6}{7}\left(\dfrac{48}{7}\right)$　　(14) $2\dfrac{1}{9}\left(\dfrac{19}{9}\right)$

(15) $2\dfrac{3}{4}\left(\dfrac{11}{4}\right)$　　(16) $2\dfrac{2}{5}\left(\dfrac{12}{5}\right)$

(17) $6$　　(18) $3\dfrac{4}{7}\left(\dfrac{25}{7}\right)$

(19) $6\dfrac{1}{9}\left(\dfrac{55}{9}\right)$　　(20) $5\dfrac{6}{8}\left(\dfrac{46}{8}\right)$

(21) $4$　　(22) $5\dfrac{1}{4}\left(\dfrac{21}{4}\right)$

♺ 式…$8\div5=1.6$　答え…$1.6$倍

まちがえたら、とき直しましょう。

---

## ◁ッ) ポイント

❶帯分数をふくむたし算・ひき算では、次のような計算のしかたがあります。

⑦帯分数を、整数部分と分数部分に分けて計算する。

⑦帯分数を、仮分数に直して計算する。

(1)⑦ $1\dfrac{1}{4}+\dfrac{2}{4}=1+\dfrac{1}{4}+\dfrac{2}{4}=1+\dfrac{3}{4}=1\dfrac{3}{4}$

⑦ $1\dfrac{1}{4}+\dfrac{2}{4}=\dfrac{5}{4}+\dfrac{2}{4}=\dfrac{7}{4}$

(9)⑦ $2\dfrac{4}{6}+1\dfrac{1}{6}=2+1+\dfrac{4}{6}+\dfrac{1}{6}=3+\dfrac{5}{6}$

$=3\dfrac{5}{6}$

⑦ $2\dfrac{4}{6}+1\dfrac{1}{6}=\dfrac{16}{6}+\dfrac{7}{6}=\dfrac{23}{6}$

❷オレンジジュースの量をリンゴジュースの量でわって、何倍かを求めることができます。ぎゃくにしてわらないように気をつけましょう。

---

**①**

(1) $1\dfrac{5}{8}\left(\dfrac{13}{8}\right)$　　(2) $2\dfrac{1}{6}\left(\dfrac{13}{6}\right)$

(3) $4\dfrac{1}{3}\left(\dfrac{13}{3}\right)$　　(4) $2\dfrac{4}{9}\left(\dfrac{22}{9}\right)$

(5) $\dfrac{1}{9}$　　(6) $1$

(7) $1\dfrac{4}{9}\left(\dfrac{13}{9}\right)$　　(8) $3\dfrac{1}{5}\left(\dfrac{16}{5}\right)$

(9) $4\dfrac{3}{5}\left(\dfrac{23}{5}\right)$　　(10) $\dfrac{2}{3}$

(11) $\dfrac{3}{8}$　　(12) $1\dfrac{3}{5}\left(\dfrac{8}{5}\right)$

(13) $3\dfrac{4}{7}\left(\dfrac{25}{7}\right)$　　(14) $2\dfrac{2}{9}\left(\dfrac{20}{9}\right)$

(15) $\dfrac{3}{4}$　　(16) $1\dfrac{4}{5}\left(\dfrac{9}{5}\right)$

(17) $\dfrac{6}{9}$　　(18) $2\dfrac{6}{7}\left(\dfrac{20}{7}\right)$

(19) $\dfrac{8}{9}$　　(20) $1\dfrac{1}{2}\left(\dfrac{3}{2}\right)$

(21) $\dfrac{7}{8}$　　(22) $2\dfrac{2}{3}\left(\dfrac{8}{3}\right)$

♺ 式…$5\div50=0.1$　答え…$0.1$倍

まちがえたら、とき直しましょう。

## ◁⑴ ポイント

**❶** 帯分数をふくむたし算・ひき算では、次のような計算のしかたがあります。

⑦ 帯分数を、整数部分と分数部分に分けて計算する。

④ 帯分数を、仮分数に直して計算する。

(1) $1\dfrac{7}{8} - \dfrac{2}{8} = 1\dfrac{5}{8}$

(6)⑦ $1\dfrac{1}{5} - \dfrac{1}{5} = 1 + \dfrac{1}{5} - \dfrac{1}{5} = 1$

(15) 分数部分どうしでひけないときは、整数部分から1くり下げます。

④ $1\dfrac{1}{4} - \dfrac{2}{4} = \dfrac{5}{4} - \dfrac{2}{4} = \dfrac{3}{4}$

**❸** 白い折り紙のまい数を赤い折り紙のまい数でわって、何倍かを求めます。

---

## 79 まとめのテスト⓫　　159ページ

**❶**
(1) ＞　　(2) ＞
(3) ＝　　(4) ＞

**❷**
(1) $\dfrac{5}{8}$　　(2) $\dfrac{7}{6}\left(1\dfrac{1}{6}\right)$

(3) $\dfrac{17}{13}\left(1\dfrac{4}{13}\right)$　　(4) $\dfrac{5}{6}$

(5) $1\dfrac{4}{6}\left(\dfrac{10}{6}\right)$　　(6) $1\dfrac{3}{5}\left(\dfrac{8}{5}\right)$

(7) $4\dfrac{1}{4}\left(\dfrac{17}{4}\right)$　　(8) $3\dfrac{2}{5}\left(\dfrac{17}{5}\right)$

(9) 5　　(10) $3\dfrac{2}{7}\left(\dfrac{23}{7}\right)$

(11) $4\dfrac{1}{5}\left(\dfrac{21}{5}\right)$　　(12) $5\dfrac{3}{8}\left(\dfrac{43}{8}\right)$

**❸**
(1) $\dfrac{1}{3}$　　(2) $\dfrac{4}{9}$

(3) $\dfrac{3}{4}$　　(4) $\dfrac{4}{5}$

(5) $3\dfrac{1}{5}\left(\dfrac{16}{5}\right)$　　(6) 0

(7) $3\dfrac{1}{8}\left(\dfrac{25}{8}\right)$　　(8) $\dfrac{7}{9}$

(9) $2\dfrac{3}{7}\left(\dfrac{17}{7}\right)$　　(10) $1\dfrac{6}{9}\left(\dfrac{15}{9}\right)$

(11) $1\dfrac{3}{4}\left(\dfrac{7}{4}\right)$　　(12) $1\dfrac{1}{3}\left(\dfrac{4}{3}\right)$

---

## ◁⑴ ポイント

**❶**(2) $3 = \dfrac{21}{7}$ だから、$3 > \dfrac{20}{7}$

(3) $5\dfrac{1}{3}$ を仮分数にすると $5 \times 3 + 1 = 16$ だから、

$$5\dfrac{1}{3} = \dfrac{16}{3}$$

**❷** 分母が同じ分数のたし算・ひき算では、分母はそのままにして、分子だけを計算します。

答えが仮分数になるときは、帯分数に直して答えてもよいです。また、仮分数を帯分数または整数で表すには、分子÷分母を計算し、その商を整数部分、あまりを分子にします。

## 80 まとめのテスト⑫　161ページ

**❶** (1) ＞　　(2) ＞
(3) ＝　　(4) ＜

**❷** (1) $\dfrac{5}{7}$　　(2) $\dfrac{7}{8}$

(3) 1　　(4) $\dfrac{7}{5}\left(1\dfrac{2}{5}\right)$

(5) $2\dfrac{3}{8}\left(\dfrac{19}{8}\right)$　　(6) $3\dfrac{3}{4}\left(\dfrac{15}{4}\right)$

(7) $6\dfrac{6}{7}\left(\dfrac{48}{7}\right)$　　(8) $4\dfrac{1}{4}\left(\dfrac{17}{4}\right)$

(9) 3　　(10) 3

(11) $4\dfrac{1}{6}\left(\dfrac{25}{6}\right)$　　(12) 7

**❸** (1) $\dfrac{1}{4}$　　(2) $\dfrac{3}{8}$

(3) 1　　(4) $\dfrac{19}{4}\left(4\dfrac{3}{4}\right)$

(5) $2\dfrac{2}{7}\left(\dfrac{16}{7}\right)$　　(6) 3

(7) $2\dfrac{3}{5}\left(\dfrac{13}{5}\right)$　　(8) $1\dfrac{4}{8}\left(\dfrac{12}{8}\right)$

(9) $1\dfrac{1}{5}\left(\dfrac{6}{5}\right)$　　(10) $\dfrac{5}{6}$

(11) $\dfrac{5}{7}$　　(12) $1\dfrac{3}{4}\left(\dfrac{7}{4}\right)$

### ◁)) ポイント

**❶**(2) $2=\dfrac{6}{3}$ だから、$\dfrac{8}{3}>2$

(3) $4\dfrac{5}{6}$ を仮分数にすると、$4\times6+5=29$ だから、

$4\dfrac{5}{6}=\dfrac{29}{6}$

**❷❸** 分母が同じ分数のたし算・ひき算では、分母はそのままにして、分子だけを計算します。

**❷**(8) $2\dfrac{3}{4}+1\dfrac{2}{4}=3+\dfrac{5}{4}=3+1\dfrac{1}{4}=4\dfrac{1}{4}$

**❸**(7)〜(12)分数部分どうしでひけないときは、整数部分から1くり下げます。

## 81 そうふく習＋先取り①　163ページ

**❶** (1) 2040　　(2)(上から順に) 3、2、9

**❷** (1) 16　　(2) 58
(3) 92　　(4) 15 あまり 2
(5) 75 あまり 4　　(6) 75 あまり 3

**❸** (1)
```
  0.2 7
+ 1.6
─────
  1.8 7
```
(2)
```
    3
- 1.2 9 1
───────
  1.7 0 9
```

**❹** (1)(上から順に) 3、8、6、9、2　　(2) 4、3
(3) 2、9、8　　(4) 5.12

### ◁)) ポイント

**❶**(1) 1億のかたまりがいくつあるのか考えます。
(2) 1兆、1億、100万のかたまりがそれぞれいくつあるのか考えます。

**❷** あまりがあるときは、あまりがわる数より小さくなっていることをたしかめましょう。
(2) 百の位に商がたたないときは、十の位まで考えて、十の位に商をたてます。

**❸** 整数のたし算・ひき算の筆算と同じように計算します。
小数点の位置をそろえてかきます。
(2) 3を3.000と考えて計算します。

**❹**(2) 4.3は1を4こ、0.1を3こあわせた数です。
(4) 1を5こ、0.1を1こ、0.01を2こあわせた数は5.12です。

## 82 そうふく習＋先取り②　165ページ

**❶** (1) 11　　(2) 39
(3) 2　　(4) 6

**❷** (1) 8500　　(2) 110000

**❸** (1) 144.5　　(2) 330.6
(3) 60.84

**❹** 式…600÷2400＝0.25
答え…0.25倍

**❺** (上から順に) 10、9.8、10、10、10、9.8

### ◁)) ポイント

**❶** 計算の順じょは、次のようになります。
ア　ふつうは、左から順に計算する。
イ　( )のある式は、( )の中を先に計算する。
ウ　かけ算やわり算は、たし算やひき算より先に計算する。
(1) $81÷(3+6)+2=81÷9+2=9+2=11$
(2) $8×5-25÷25=40-1=39$

**❷** 上から2けたのがい数にするので、上から3けた目の位を四捨五入します。

**❸** 小数のかけ算は、小数点がないものとして整数と考えてかけ算をし、かけられる数にそろえて、積の小数点をつけます。

**❹** ソースの量をしょうゆの量でわって、何倍かを求めます。

**❺** 整数×小数の計算は、小数点がないものとして整数と考えてかけ算をし、かける数にそろえて、積の小数点をつけます。また、小数×小数の計算は、小数点がないものとして整数と考えてかけ算をし、かけられる数とかける数の小数点の右にあるけた数の和の分だけ、右から数えて、積の小数点をつけます。

**❶** (1) 16あまり19　　(2) 12あまり1.5
　　(3) 3あまり1.4

**❷** (1) 0.03　　(2) 6.125
　　(3) 1.32

**❸** (1) $\dfrac{8}{9}$　　(2) $\dfrac{3}{11}$

　　(3) $\dfrac{11}{5}\left(2\dfrac{1}{5}\right)$　　(4) $\dfrac{3}{4}$

　　(5) $3\dfrac{6}{7}\left(\dfrac{27}{7}\right)$　　(6) $2\dfrac{2}{6}\left(\dfrac{14}{6}\right)$

　　(7) 7　　(8) $\dfrac{3}{5}$

**❹** (上から順に) $\dfrac{2}{4}$、$\dfrac{2}{4}$、$\dfrac{3}{4}$

## 🔊 ポイント

**❶** あまりの小数点は、わられる数の小数点にそろえてつけます。あまりに小数点をつけわすれないようにしましょう。答えがあっているかは、
「わる数×商＋あまり＝わられる数」
にあてはめて、たしかめます。

**❷** (2)は49を49.000、(3)は33を33.00と考えて、わり切れるまで計算を続けましょう。

**❸** 分母が同じ分数のたし算・ひき算では、分母はそのままにして、分子だけを計算します。答えの仮分数を整数に直せるときは、必ず整数に直しましょう。

**❹** 数直線を見ると、$\dfrac{1}{2}$と$\dfrac{2}{4}$は同じ大きさということがわかります。$\dfrac{2}{4}+\dfrac{1}{4}$だと分母が同じ数になるので、計算できます。分母の数がちがう分数のたし算・ひき算では、分母をそろえてから計算します。